Leitfäden der angewandten Informatik

K. Bauknecht / C. A. Zehnder
Grundzüge der Datenverarbeitung
Methoden und Konzepte für die Anwendungen
344 Seiten. Kart. DM 26,80

Beth / Heß / Wirl
Kryptographie
205 Seiten. Kart. DM 24,80

H. Hultzsch
Prozeßdatenverarbeitung
216 Seiten. Kart. DM 22,80

H. Kästner
Architektur und Organisation digitaler Rechenanlagen
224 Seiten. Kart. DM 23,80

G, Lausen / G. Schlageter / W. Stucky
Datenbanksysteme: Eine Einführung
In Vorbereitung

G. Müller
Entscheidungsunterstützende Endbenutzersysteme
253 Seiten. Kart. DM 26,80

G. Mußtopf / H. Winter
Mikroprozessor-Systeme
Trends in Hardware und Software
302 Seiten. Kart. DM 28,80

V. Schmidt et al.
Digitalschaltungen mit Mikroprozessoren
2. Aufl. 208 Seiten. Kart. DM 23,80

H. J. Schneider
Problemorientierte Programmiersprachen
226 Seiten. Kart. DM 23,80

F. Singer
Programmieren in der Praxis
176 Seiten. Kart. DM 19,80

M. Vetter
Aufbau betrieblicher Informationssysteme
300 Seiten. Kart. DM 28,80

F. Wingert
Medizinische Informatik
272 Seiten. Kart. DM 23,80

Preisänderungen vorbehalten

 B. G. Teubner Stuttgart

Leitfäden der angewandten Informatik

G. Müller
Entscheidungsunterstützende
Endbenutzersysteme

Leitfäden der angewandten Informatik

Herausgegeben von

Prof. Dr. L. Richter, Dortmund
Prof. Dr. W. Stucky, Karlsruhe

Die Bände dieser Reihe sind allen Methoden und Ergebnissen der Informatik gewidmet, die für die praktische Anwendung von Bedeutung sind. Besonderer Wert wird dabei auf die Darstellung dieser Methoden und Ergebnisse in einer allgemein verständlichen, dennoch exakten und präzisen Form gelegt. Die Reihe soll einerseits dem Fachmann eines anderen Gebietes, der sich mit Problemen der Datenverarbeitung beschäftigen muß, selbst aber keine Fachinformatik-Ausbildung besitzt, das für seine Praxis relevante Informatikwissen vermitteln; andererseits soll dem Informatiker, der auf einem dieser Anwendungsgebiete tätig werden will, ein Überblick über die Anwendungen der Informatikmethoden in diesem Gebiet gegeben werden. Für Praktiker, wie Programmierer, Systemanalytiker, Organisatoren und andere, stellen die Bände Hilfsmittel zur Lösung von Problemen der täglichen Praxis bereit; darüber hinaus sind die Veröffentlichungen zur Weiterbildung gedacht.

Entscheidungsunterstützende Endbenutzersysteme

Von Dr. rer. oec. Günter Müller
Wissenschaftliches Zentrum der IBM, Heidelberg
Mit 64 Abbildungen

B. G. Teubner Stuttgart 1983

Dr. rer. oec. Günter Müller

Geboren 1948 in Sindelfingen. Studium der Betriebswirtschaftslehre mit dem Schwerpunkt „quantitative Methoden". Im Werk Sindelfingen der IBM-Deutschland mit dem Entwurf von Datenbanken für den Fertigungsbereich beschäftigt. Danach bis 1977 wiss. Assistent am Institut für Wirtschaftsinformatik bei Professor H. R. Hansen an der Universität Duisburg (GH); 1976 Promotion mit einem Thema aus dem Bereich Modellierung in Datenbanksystemen. Bis 1978 Forschungsaufenthalt in der „Computer Science" Abteilung des IBM Research Laboratory San Jose in Kalifornien. Seit 1978 Mitarbeiter des Wissenschaftlichen Zentrums der IBM in Heidelberg im Bereich „Endbenutzersysteme". Übernahme der Projektleitung des Forschungsvorhabens „Integriertes Datenanalyse und Management System (IDAMS)" bis 1982. Seither verantwortlich für den Forschungsbereich „Rechnernetze und Büroinformationssysteme".

CIP-Kurztitelaufnahme der Deutschen Bibliothek

Müller, Günter:
Entscheidungsunterstützende Endbenutzersysteme /
von Günter Müller. – Stuttgart : Teubner, 1983.
(Leitfäden der angewandten Informatik)
ISBN 978-3-519-02461-3 ISBN 978-3-322-92144-4 (eBook)
DOI 10.1007/978-3-322-92144-4

Gesamtherstellung: Beltz Offsetdruck, Hemsbach/Bergstraße
Umschlaggestaltung: W. Koch, Sindelfingen

VORWORT

Die Datenverarbeitung hält Einzug auch in die Büros. Bereits heute kann man beobachten, wie nicht nur Programmierer, sondern auch Personen mit Funktionen, von denen man dies eigentlich nicht vermuten würde, Bildschirmgeräte oder sogar Rechner an ihren Arbeitsplätzen stehen haben und diese auch selbst bedienen. Eine weitere Entwicklungstendenz ist zu bemerken. Gehörte jemand vor wenigen Jahren bereits durch das Erlernen einer Programmiersprache zu den "Computer-Spezialisten", so bleibt diese teure Ausbildung heute vielfach nur noch den tatsächlichen Spezialisten vorbehalten. Für die eigentlichen Verbraucher der von einem Rechner erzeugten Informationen - und dies ist natürlich die große Mehrzahl der Mitarbeiter - ist der Computer ein Werkzeug neben anderen, das ihnen hilft, ihre Aufgaben zu erfüllen. Allerdings wird dieses Hilfsmittel auch nur dann eingesetzt und akzeptiert, wenn der zusätzliche Aufwand in einem ökonomischen Verhältnis zu der Qualität der erzielten Ergebnisse steht.

Unter dem Eindruck tendenziell sinkender Preise beim technischen Gerät und steigender Aufwendungen für die Entwicklung von Anwendungen versucht man einerseits, die Anwender direkt an ihrem Arbeitsplatz mit Rechenkapazität zu versorgen, und andererseits für die Kommunikation zwischen Mensch und Maschine benutzernahe, leicht zu erlernende und oft selbsterklärende Dialogformen zu finden. Mit diesen Ansprüchen werden viele Systeme auf dem Markt angeboten, aber fast ebenso oft kann man Fehlschläge bei deren Einsatz beobachten. Neben den psychologischen Faktoren sind dabei häufig Mängel in der Vorbereitung festzustellen. So wird z. B. die Einordnung in das organisatorische Umfeld vernachlässigt oder die betroffenen Mitarbeiter werden mit einer festen Lösung konfrontiert und sind dann oft zu Recht mißtrauisch, wenn sie sich auf die erhaltenen Ergebnisse verlassen sollen.

In dem vorliegenden Buch werden die organisatorischen Grundlagen und vor allem konzeptionellen Voraussetzungen für den Aufbau und Einsatz von

Systemen zur Unterstützung von un- oder teilstrukturierten Entscheidungen diskutiert. Dabei werden anwendungsneutrale Basissysteme vorgeschlagen, die erst "vor Ort" an die Erfordernisse einer beliebigen Anwendung angepaßt werden. Die dazu nötigen Arbeiten sollen vom Benutzer zumindest teilweise selbst durchgeführt werden können, wozu er formale Mittel zur Modellierung einer Anwendung benötigt. Neben den dafür notwendigen Konzepten, werden benutzerfreundliche Sprachformen und der Aufbau einer vereinheitlichenden Dialoggestaltung vorgestellt.

Bei der Abfassung des Buches wurde mir vielfältige Hilfe zuteil. Ganz besonders möchte ich mich bei meinem Lehrer, Herrn Professor Hans Robert Hansen, bedanken, der diese Entwicklung bereits vor Jahren gesehen und mir den Einstieg in dieses Gebiet verschafft hat.

Viele Überlegungen und Schlußfolgerungen sind durch Diskussionen mit meinen Kollegen am Wissenschaftlichen Zentrum der IBM in Heidelberg (WZH) entstanden, wo unter der Leitung von Herrn Dr. Albrecht Blaser mehrere Projekte mit der Erforschung von Schnittstellen beschäftigt sind, die sich als Dialogformen für Endbenutzer eignen. Dem "IDAMS-Team" des WZH gebührt mein besonderer Dank. Dort wurde ein System mit der eingangs erwähnten Orientierung geschaffen, das es ermöglicht hat, aufschlußreiche Erfahrungen in betriebswirtschaftlichen, mathematischen, medizinischen und ingenieurwissenschaftlichen Anwendungen zu sammeln. Die Ideen, Hilfestellungen und Arbeiten der Herren Dr. A. Blaser, H. Eberle, R. Erbe, Professor Dr. R. Hartwig, Dr. H. Lehmann, U. Schauer, Dr. H. Schmutz und Dr. G. Walch seien auf diese Weise ausdrücklich gewürdigt. Sie waren für das Zustandekommen dieser Schrift unerläßlich.

Die Herren H. Dümcke, D. Haas, H.-L. Heil und J. Redmer haben viele Stunden Korrektur gelesen. H.-L. Heil hat die Zeichnungen angefertigt und das Manuskript zum Druck aufbereitet. Wenn sich trotzdem orthographische oder inhaltliche Fehler "eingeschlichen" haben sollten, so trägt dafür allein der Autor die Verantwortung.

Vor allem möchte ich mich bei meiner Frau bedanken, die es lange und meist geduldig ertragen hat, daß ich einen großen Teil meiner freien Zeit am Schreibtisch und am Rechner verbracht habe.

Heidelberg, im Dezember 1982

Günter Müller

INHALTSVERZEICHNIS

EINFÜHRUNG

Wenn wir die Hilfsmittel betrachten, die heute zur Abwicklung betrieblicher Aufgaben - auch in kleinen Unternehmen - verwendet werden, so stellen wir fest, daß in einem sehr schnell wachsenden Umfang anwendungsorientierte Datenverarbeitungssysteme, sog. Anwendungs- oder Endbenutzersysteme, eingesetzt werden. Dabei handelt es sich meist um umfangreiche Programmsysteme, die über einen am Arbeitsplatz stehenden Bildschirm von einem Personenkreis bedient werden, der weniger am Rechner selbst, als vielmehr an dessen Eignung als Werkzeug zur Lösung fachspezifischer Aufgaben interessiert ist (vgl. LOK78, S.221ff). Das Anwendungssystem ist meist so konzipiert, daß es nur für einen speziellen Funktionskomplex eingesetzt werden kann. So erfragt z. B. der Kaufmann Umsätze, Lagerbestände oder Budgetvorhaben, der Ingenieur konstruiert an einer graphischen Datenstation ein Werkstück oder der Mathematiker verwendet ein Anwendungssystem zur Analyse statistischer Daten. Solche Anwender bezeichnet man auch als Endbenutzer. Ihr gemeinsames Merkmal ist, daß sie an ihrem Arbeitsplatz jederzeit Zugang zu einem Datenverarbeitungssystem haben, das sie in Dialogform bedienen können.

In letzter Zeit wächst nun der Wunsch nach Anwendungssystemen, welche die funktionale Mächtigkeit und zugleich solch umfangreiche Dialogmöglichkeiten besitzen, daß der Endbenutzer und das Anwendungssystem in einer Art Symbiose bei der Problemformulierung, bei der Informationsbeschaffung und -verarbeitung und bei der Erstellung alternativer Problemlösungen zusammenarbeiten können. Solche Systeme seien nachfolgend als Endbenutzersysteme zur Entscheidungsunterstützung (EUS) bezeichnet. Im Gegensatz zu transaktionsorientierten Anwendungssystemen, die vor allem für vorherplanbare und in ihrer Struktur bekannte Aufgaben, z. B. Flugbuchungen, Lagerbestandsabfragen oder Datenerfassung, eingesetzt werden, sollen EUS in allen Phasen einer Problemlösung die Entscheidungsfindung zwar nicht übernehmen, aber doch unterstützen. Zu diesem Zweck ist es erforderlich, daß durch den Anwender eines EUS möglichst ohne Einschaltung einer DV-Fachabteilung eigenständige Entwicklungen von aufgabenspezifischen Anwendungen übernommen werden können.

Eine Voraussetzung für den rationellen Einsatz und die Akzeptanz solcher Systeme ist die Verfügbarkeit von Rechenkapazität am Arbeitsplatz. Von der betrieblichen Seite aus wird diese Entwicklung durch den Wunsch nach umfangreicher, genauer und situationsbezogener Information bestimmt. Von Seiten der Datenverarbeitung werden Werkzeuge angeboten, die es erlauben, diesem Wunsch nachzukommen. So werden Mini- und Microcomputer, Bildschirmstationen, die Kopplung von Rechnern zu einem Rechnerverbund, die Verfügbarkeit von Standardprogrammen und der Zugriff zu großen, eventuell sogar überbetrieblichen Datenbanken zu Preisen angeboten, die die Nutzung dieser Technologien auch dann wirtschaftlich machen, wenn sie sich nicht ständig im Einsatz befinden.

Da Endbenutzer gewöhnlich keine intensive Datenverarbeitungsausbildung absolviert haben, müssen EUS mit Schnittstellen ausgestattet werden, die ohne, oder aber mit nur geringer Zusatzausbildung zu handhaben sind. Die Gestaltung der Kommunikation zwischen Mensch und Maschine gehört zu den wichtigsten und gleichzeitig am wenigsten beherrschten Komponenten von interaktiven Systemen. Dies hängt mit der Vielfältigkeit der dabei zu beachtenden Aspekte zusammen. Einerseits sollen die verwendete Sprache und die Darstellungsfähigkeiten des EUS den Erfordernissen der Anwendung entsprechen, andererseits führen oft gerade die dabei notwendigen funktional mächtigen Systeme beim Benutzer zu Verständnis- und damit Akzeptanzproblemen. Die Vermengung von objektiven Anforderungen mit den subjektiven Kriterien der Erwartungen einer höchst heterogenen Klasse von Benutzern hat im Einzelfall zu wenig befriedigenden Ergebnissen geführt. Eine benutzergerechte, d. h. an der jeweiligen Anwendung und an den Problemlösungsstrategien eines individuellen Benutzers orientierte Gestaltung solcher Schnittstellen ist jedoch nur möglich, wenn Klarheit über dessen Aufgaben besteht. Aus diesem

Grunde dürfen EUS nicht isoliert gesehen werden, sondern ihre Akzeptanz ist von der Integration in die organisatorische Umgebung abhängig. Dazu gehört die Berücksichtigung der Zusammenhänge mit den übrigen Datenverarbeitungsaktivitäten, der Betriebsstruktur und die laufende Anpassung des Systems an veränderte Aufgabenstellungen. Andererseits können Schnittstellen für EUS nur dann individuell gestaltet werden - sowohl hinsichtlich ihrer Funktionen als auch ihres Erscheinungsbildes - wenn sie für jede Anwendung speziell erstellt werden.

Aus diesen, aber auch aus wirtschaftlichen Gründen müssen die Basissysteme von EUS anwendungsneutral sein, da nur dann - anders als bei vorgefertigten, problemspezifischen Anwendungssystemen - eine Gewähr dafür gegeben ist, daß sowohl qualitativ als auch individuell unterschiedliche Anwendungen den Anforderungen der Benutzer entsprechend behandelt werden können. Erst die Trennung von realisierter Anwendung, die nachfolgend als EUS bezeichnet werden soll, und dem Basissystem, das als Programmiersystem auf hoher Ebene zur Erzeugung eines EUS gesehen werden kann, erlaubt eine individuelle und dezentrale Gestaltung einer Endbenutzerschnittstelle. Dieser Aufwand erscheint bei den vielfältigen und unterschiedlichen Anforderungen an EUS gerechtfertigt. Gleichzeitig unterscheidet diese flexible Vorgehensweise EUS von funktional weniger umfangreichen interaktiven Systemen, wie sie vor allem für Mini- und Mikrorechner angeboten werden (vgl. SIK82).

Eine Analyse des organisatorischen Rahmens und die Anforderungen an EUS aus der Sicht individueller Entscheidungsprozesse bilden den Gegenstand des ersten Kapitels. Nach einer Klassifizierung der zur Zeit eingesetzten Anwendungssysteme werden, ausgehend von den Entscheidungsstrukturen in Organisationen und vom Entscheidungsverhalten einzelner Mitglieder, Anforderungen an die konzeptionelle Gestaltung von Benutzerschnittstellen für EUS formuliert. Dabei stehen weniger die ergonomischen und systemtechnischen Fragestellungen im Vordergrund, als vielmehr die Diskussion von Repräsentationsformen, die Anwender zur Konzeptionalisierung ihrer Aufgabenstellung verwenden.

Ausgehend von dieser organisationstheoretisch orientierten Einführung erfolgt im Rest des Buches die Behandlung von Vorschlägen, die eine benutzergerechte Formulierung von Problemstellungen aus der Sicht der Datenverarbeitung erlauben. Es wird zwischen den Phasen Anwendungsmodellierung und Systembenutzung unterschieden. Unter Anwendungsmodellierung wird die Beschreibung von Anwendungen und Abläufen mit formalen Mitteln verstanden, die für Endbenutzer geeignet sind. Die Systembenutzung betrifft sowohl die Problemformulierung als auch die Steuerung der Komponenten von EUS und die Handhabung des verwendeten technischen Geräts. Ansätze für die benutzerfreundliche Gestaltung von Sprachen zur Spezifizierung von nicht vorherplanbaren Aufgaben werden im dritten Kapitel behandelt. Die Zusammenführung der verschiedenen Systemkomponenten und damit die Schaffung der Voraussetzungen eines einheitlichen und benutzergerechten Darstellungsbildes, ist die Aufgabe des Dialogmanagements. Um umfangreiche Informationsmengen in überschaubaren Gruppierungen zu verwalten und komplexe Anwendungssysteme in Funktionsklassen einzuteilen, haben sich Menüsysteme und Dialognetze bewährt. Ein Vorschlag zur einheitlichen Gestaltung von Dialogformen für unterschiedliche Anforderungen bildet den Abschluß des Buches.

1. INTERAKTIVE SYSTEME ZUR ENTSCHEIDUNGSUNTERSTÜTZUNG (EUS)

Zur Unterstützung von Entscheidungen bei nicht vorherplanbaren Vorgängen forderte SCOTT MORTON (SCM71) bereits 1971 den Einsatz von interaktiven Systemen. Er hoffte, dadurch die mathematischen Methoden der Statistik, des Operations Research, gespeicherte Datenbestände und die Rechenkapazitäten von Computern mit den menschlichen Möglichkeiten zum kreativen Denken zusammenführen zu können. Inzwischen existiert eine Vielzahl von interaktiven Systemen, welche im weitesten Sinne zur Entscheidungsunterstützung verwendet werden. Die nachfolgende Typisierung soll klarlegen, was hier unter einem EUS verstanden werden soll.

1) Transaktionssysteme

Transaktionssysteme gehen davon aus, daß alle anfallenden Entscheidungen automatisiert werden können. Eine Voraussetzung dafür ist, daß die Teilaufgaben eines Problembereichs so gut strukturiert werden können, daß man sowohl die benötigten Algorithmen als auch die Daten vollständig bestimmen kann. Beispiele dafür sind Systeme zur Platzbuchung oder zur Fertigungsüberwachung. Dabei versorgt der Benutzer vorgefertigte Programme - Transaktionen - mit situationsbezogenen Eingabedaten.

Die großen Erfolge von Transaktionssystemen und die Hoffnungen, die man in die Fortschritte der Entscheidungsforschung setzte, führten zu der Ansicht, alle Entscheidungsprozesse in Organisationen letztendlich formal beschreiben zu können. Man sah in der Automatisierung von Ablauf- und Kontrollaufgaben der operativen Ebene bereits die ersten Schritte hin zur völligen Programmierbarkeit aller Entscheidungen. So war SIMON 1965 der Ansicht, daß in etwa 10 Jahren auch unstrukturierte Aufgaben programmierbar seien (vgl. SIM65). Eine realistische Einschätzung der Möglichkeiten von Rechnern begann, als man erkannte, daß viele Aufgaben in Organisationen mehr durch Ausnahmen als durch die Regel gekennzeichnet sind. Diese Erkenntnis schränkte die Hoffnung auf die automatisierte Planbarkeit betrieblicher Entscheidungsprozesse ein und zeigte die Grenzen der geforderten Management-Informationssysteme (MIS) auf (vgl. zu MIS, SPR82, S.6ff).

2) Spezielle Problemlösungssysteme
Die Arbeiten von ACKOFF (ACK60,ACK67) und DEARDEN (DEA67) bildeten Ansätze für ein Umdenken und sind so die organisationstheoretische Grundlage für die Entwicklung von speziellen Problemlösungssystemen, indem sie darauf hinweisen, daß nicht allein die Datenmenge und die Rechenkapazität, sondern erst das Zusammenspiel von Anwender, Entscheidungsmodellen und interaktiven Systemen zu "guten" Entscheidungen führen können. So sei es z. B. nicht nur von der Verwendung eines Rechners abhängig, ob richtige Produktionsprogrammentscheidungen getroffen werden, sondern vielmehr davon, ob für die Marktanalyse adäquate Vorstellungen und Modelle zur Vorhersage des Käuferverhaltens entwickelt worden seien.

Dies führte zu Systemen, die in einem speziellen Anwendungsbereich, z. B. der Fertigungssteuerung, der Finanzierung oder dem Marketing, und für begrenzte Teilaufgaben, z. B. Kapazitäts- oder Portfolioplanung, einsetzbar waren. Dem Anwender wurden Operationen und Objekte zur Manipulation zur Verfügung gestellt, die den Abbildungsprozeß von der kognitiven Lösung zum Rechnerprogramm durch die Verwendung von vorgefertigten Programmsystemen verkürzen. Diese Vorgehensweise bedeutet jedoch eine Festschreibung der Semantik eines solchen Systems und birgt die Gefahr in sich, daß eine weitere Fortentwicklung des Anwendungsbereichs durch das Endbenutzersystem nicht nachvollzogen werden kann. Spezielle Problemlösungssysteme helfen daher meist durch den Einsatz von mathematischen Modellen komplexe, aber letzlich formalisierbare Entscheidungen schnell und konsistent zu treffen.

3) Allgemeine Problemlösungssysteme

Die vielen Fehlschläge und die geringe Akzeptanz von speziellen Problemlösungssystemen können mit der Starrheit ihres Methodenangebots, der rigiden Dialogführung und ihrem von der übrigen Datenverarbeitung isolierten Einsatz erklärt werden (vgl. SCH83). Die Erkenntnis, daß Entscheidungen oft auf nicht formalisierbaren Voraussetzungen beruhen, sondern dem Wertesystem der Entscheidungsträger entstammen, führte zu einer realistischen Einschätzung der Fähigkeiten von Rechnern. Man erkannte, daß Entscheidungsprozesse nicht völlig programmiert, wohl aber einzelne Phasen der Entscheidungsfindung unterstützt werden können.

Die Methoden des "Software-Engineering" und die Entwicklung von höheren Programmiersprachen ließen auf geeignete Ansätze für die Entwicklung von generell anwendbaren Endbenutzersystemen hoffen. Die eine Richtung hat u. a. die Entwicklung allgemeiner, problemorientierter Programmier- oder Spezifizierungssprachen zum Gegenstand, die andere Forschungsdisziplin fordert z. B. die Verwendung von Standardanwendungssoftware. Die Entwicklung allgemeiner, höherer Programmiersprachen hat zu Sprachen geführt, die dem Benutzer anwendungsgerechte Datenstrukturen, wie z. B. Relationen, Mengen und globale Funktionen, wie z. B. mengentheoretische Operatoren, anbieten, um eine Anwendung auf der Benutzerebene zu modellieren. Standardsoftware dient zur rationellen Erstellung von umfangreichen Anwendungsprogrammen. Dies ist jedoch nur dann möglich, wenn sich die Softwarebausteine abgrenzbaren Teilproblemen zuordnen lassen. HANSEN (HAN79) hat die Vorteile auf der wirtschaftlichen Seite umfassend dargelegt.

Zusammenfassend kann man feststellen, daß beide Techniken und ihre Methoden um Anerkennung in der Praxis ringen und ihre allgemeine Anwendbarkeit zwar einleuchtet, aber noch nicht nachgewiesen ist. Um einen weiten Anwendungsbereich mit einer einzigen Programmiersprache abzudecken, kann man entweder nur eine sehr komplexe oder eine auf wenige Anwendungen spezialisierte Sprache konzipieren. Bei Standardsoftware liegt das Problem darin begründet, daß jeder Baustein Annahmen über seine Systemumgebung, insbesondere hinsichtlich der Laufzeitunterstützung, und über Schnittstellenkonventionen macht. So ergeben sich meist wirtschaftlich unlösbare Kompatibilitätsprobleme.

Die Systeme aller bisher erwähnten Kategorien und Forschungsansätze enthalten wesentliche Aspekte von EUS. Es existiert bisher jedoch kein Mechanismus zur Integration der vielfältigen Teilsysteme und Lösungsvorschläge (vgl. hierzu KLO79, S.55ff). Erst durch eine einheitliche Benutzerschnittstelle (DAL77) erreicht man eine Verbesserung der Entscheidungsunterstützung (vgl. auch FIT79,GAI78,NEW76), unter der man sich die nachfolgenden Aspekte der Entscheidungsfindung vorstellen kann:

1) Verbesserung des Problemverständnisses
Oft ist es weder dem Benutzer noch dem Entwickler von EUS möglich, die projektierte Anwendung hinsichtlich ihres Aufbaus und auch bezüglich des Einsatzes zu beschreiben. Entweder fehlt es an Wissen über die Struktur der Aufgabe oder eine solche Beschreibung ist objektiv nicht möglich.

2) Verbesserung der Aufgabenausführung
Entscheidungen sollten auf aktuellen und korrekten Daten basieren. Da die Nutzung von EUS neue Anwendungen stimuliert oder alte überflüssig macht, entstehen durch die Benutzung Forderungen nach erweiterten oder neuen Systemfunktionen.

3) Individuelle Problemlösungsstrategie
Die Akzeptanz von EUS wird stark davon abhängen, inwieweit die Autonomie und Kontrolle des Anwenders bei dem Finden einer Problemlösung erhalten bleibt.

4) Anwendungsentwicklung durch den Endbenutzer
EUS entstehen nicht in einem Stück, sondern im Laufe eines iterativen Prozesses, bei dem ein fortwährender Dialog zwischen Entwickler und Benutzer stattfindet, mit dem Ziel, die Anwendung entsprechend den gemachten Erfahrungen zu verbessern, zu variieren oder zusätzliche Anwendungsbereiche zu erschließen.

Ein EUS ist daher einerseits ein funktional festgelegtes System, z. B. für die Finanzplanung, andererseits ist es aber auch anwendungsneutral, d. h. es gestattet, unterschiedliche Aufgaben mit denselben Mitteln zu modellieren und auszuführen. Wenn in Zukunft nicht explizit etwas anderes gesagt wird, soll unter einem EUS eine realisierte Anwendung eines anwendungsneutralen Systems verstanden werden. Dieses selbst wird als Basis- oder Grundsystem bezeichnet. Es besteht wiederum aus mehreren Komponenten, von denen angenommen wird, daß sie universell verwendbar sind, wie z. B. Daten- und Methodenbanken.

1.1 Anwendungsneutrale Endbenutzersysteme

Auf dem Gebiet der Entwicklung anwendungsneutraler Systeme lassen sich verschiedene Ansätze unterscheiden, mit denen versucht wird, Voraussetzungen für einheitliche und benutzerfreundliche Schnittstellen zu schaffen. Zum einen werden Systeme vorgeschlagen, die zwar anwendungsneutral sind, jedoch nur wenige Teilbereiche der Aufgaben eines Endbenutzers unterstützen. In diese Kategorie gehören die Datenbanksprachen, Berichts- und Programmgeneratoren sowie Texteditoren. Weiterhin wurden Endbenutzersprachen, wie APL (POL75), entwickelt, die zwar universell eingesetzt werden können, dem Endbenutzer jedoch keine Unterstützung beim Zugriff auf Daten- und Methodenbanken geben. Eine dritte Kategorie von Systemen basiert auf einem Datenbanksystem als integrierendem Bestandteil und läßt beliebige Methodenverwendungen und vielfältige Datenpräsentationen zu. Es handelt sich dabei um Systeme mit Operatoren auf hoher Ebene, die man als Anwendungsgeneratoren bezeichnen könnte (ausführliche Behandlung bei BAT78,DIT79). Prototypen dafür sind Systeme wie IDAMS (BLA82,ERB80), SAMBA (BOD80), ADAMARS (SLA79), AWUS (AWU79), KARAMBA (HUE79), MBS (KLO79), METHAPLAN (ESP78), MADAS (MER77b). Diese Systeme entsprechen in ihrem Einsatz und ihrem Anwendungsspektrum den hier geforderten EUS, sie bieten jedoch oft keine geeignete Endbenutzerschnittstelle an.

Ehe die Diskussion über EUS fortgesetzt wird, soll zunächst eine Skizzierung der mittel- und unmittelbaren Benutzer solcher Systeme erfolgen.

1.1.1 Benutzerebenen und Benutzertypen

Endbenutzersysteme werden von einer Vielzahl von Personen mit unterschiedlichen Aufgaben benutzt. Dabei kann der Wissensstand vom völligen Datenverarbeitungslaien bis hin zum Systemspezialisten mit detaillierten Kenntnissen eines Rechners reichen. Für die Charakterisierung der verschiedenen Benutzertypen sollen nachfolgende Merkmale gelten:

1) Die Tätigkeit, die der Benutzer mit Hilfe des Endbenutzersystems ausführen möchte.

2) Die Häufigkeit, mit der er das Endbenutzersystem in seine Problemlösung einbezieht. Sie entscheidet, wie benutzerfreundlich die Schnittstelle gestaltet werden muß, welche Dialogform zu wählen ist und welche Hilfestellungen zur Systembenutzung verfügbar sein müssen.

3) Der Stellenwert, den der Benutzer dem Endbenutzersystem bei der Problemlösung einräumt. Dieser wird durch den tätigkeits- und datenverarbeitungsbezogenen Kenntnisstand und die Lernbereitschaft des Anwenders bestimmt.

Neben diesen auf einen Anwender bezogenen Kriterien basiert die nachfolgend vorgestellte Klassifizierung auf einem zusätzlichen, systembezogenen Merkmal. Es erfolgt eine Ebeneneinteilung, die von den Objekten, mit denen der Benutzer die Anwendung konzeptionalisiert, von den Operationen, die verwendet werden, um diese Objekte zu verarbeiten, und von den Systemantworten, die diese Operationen hervorrufen, ausgeht. Dabei sollen diese Antworten vom Benutzer interpretiert werden können und sich auf die Ebene beziehen, auf der ein Benutzer aus der Sicht des Rechnersystems angesiedelt ist. Eine solche Einteilung ist streng hierarchisch und erlaubt die Unterscheidung von mittel- und unmittelbaren Benutzern. Sie basiert auf dem Prinzip, daß jede niedrigere als die Endbenutzerebene zunehmend Details des Rechnersystems offenlegt und mehr Funktionen notwendig macht, die sich nur aus der Verwendung eines Rechners als Mittel zur Aufgabenerfüllung herleiten lassen (vgl. HOP81, S.12ff). Drei Ebenen sollen unterschieden werden:

1) Benutzer der Ebene 1 (Endbenutzerebene)

Auf der Endbenutzerebene hat der Rechner nahezu keine eigene sichtbare Struktur. Der Benutzer betreibt ein anwendungsorientiertes Programmsystem. Es kann sich dabei um die Abfragesprache eines Datenbanksystems, ein System zur Finanzplanung oder um einen Texteditor handeln. Aus der Sicht des Rechners sind dabei vom Benutzer nur die Operationen "Einführung des Benutzers", "Zuordnung der gewünschten Anwendung" und "Schließen der Sitzung" notwendig. Die Kommunikation des Benutzers erfolgt ausschließlich mit dem Endbenutzersystem. Nach den Anforderungen an das System kann man mindestens zwei Benutzerklassen unterscheiden, nämlich die gelegentlichen Benutzer (vgl. ACM78 S.5ff) und die Anwendungsexperten (BLA76b, S.2).

a) Gelegentliche Benutzer

In diese Benutzergruppe fallen z. B. auch die sog. Problemlöser, die Entscheidungen entweder selbst fällen oder vorbereiten. Ihr charakteristisches Aufgabengebiet sind einmalig auftretende, unstrukturierte Probleme, bei denen nicht alle Regeln und Zusammenhänge bekannt sind. So kann oft erst während des Problemlösungsprozesses entschieden werden, welche Daten und Algorithmen benötigt werden. Für solche Anwender ist die Gewährleistung, jederzeit und vor allem leicht Zugang zu einem Rechner zu haben und die benutzerfreundliche, interaktive Kommunikation mit einem Anwendungssystem Voraussetzung, um den Computer als Hilfsmittel zur Problemlösung in Betracht zu ziehen. Zur Kommunikation mit dem Rechner müssen Dialogformen gewählt werden, die so gestaltet sein sollten, daß sie Problemformulierungen in einer ähnlichen Art und Weise zulassen, wie sie der Benutzer von seiner täglichen Arbeit her gewohnt ist. Gelegentliche Benutzer besitzen gewöhnlich keine DV-Kenntnisse und verwenden das Endbenutzersystem nur unregelmäßig, so daß Hilfestellungen bei der Systemnutzung Bestandteile des EUS sein müssen.

b) Anwendungsexperten

Anwendungsexperten haben unterschiedliche Anforderungen hinsichtlich der Komplexität ihrer Aufgaben an den Rechner, was eine weitere Unterteilung sinnvoll macht. So gibt es Anwendungsexperten, die sich vom gelegentlichen Benutzer nur dadurch unterscheiden, daß sie den Rechner für wohldefinierte und bekannte Problemstellungen einsetzen. Aus diesem Grund brauchen sie ein funktional weniger flexibles System und können sich mit dem Einsatz vorgefertigter Programme begnügen, die sie nur mit Eingabedaten versorgen müssen. Für solche Anwendertypen wird häufig der Begriff "parametrische Benutzer" (ACM78, S.5ff) gewählt.

Weiterhin gibt es Anwendungen, bei denen Probleme durch eine geeignete Kombination von Einzelfunktionen gelöst werden müssen. Hierzu wird vom Benutzer die Entwicklung kreativer Lösungsstrategien verlangt. In diese zweite Kategorie gehören z. B. Benutzer aus dem Konstruktionsbereich (Computer Aided Design) oder auch Mitarbeiter in Planungsabteilungen.

Analysiert man die Informationen, mit denen ein solcher Anwendungsexperte seine Aufgaben zu bewältigen hat, so kann man vier verschiedene Gruppen unterscheiden, die innerhalb eines Endbenutzersystems verwaltet werden müssen:

1) Problemdaten;
2) Programme und Methoden;
3) Datenbeschreibungen und Anwendungswissen;
4) Methodenbeschreibungen und -wissen.

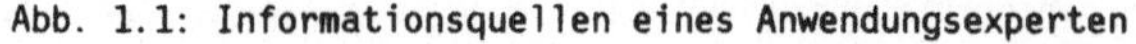

Abb. 1.1: Informationsquellen eines Anwendungsexperten

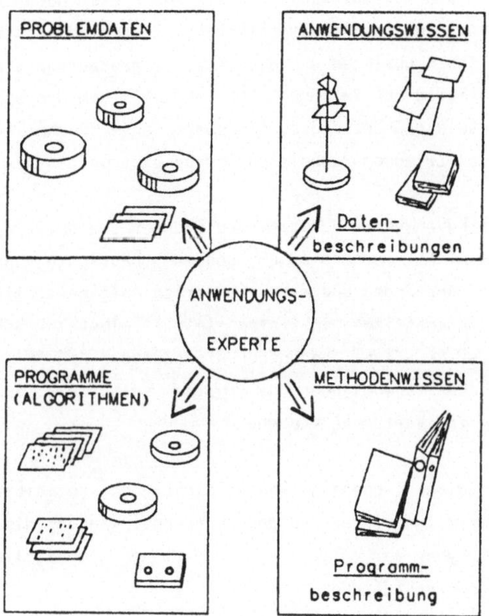

Problemdaten, Programme und Methoden stellen dabei die Objekte der Anwendung dar, während Daten- und Programmbeschreibungen anwendungsspezifische Aussagen über die Objekte, d. h. die Semantik der Daten und Programme enthalten. In Abb. 1.1 ist die heute vielfach anzutreffende Situation eines Anwendungsexperten skizziert (vgl. ERB80, S.273). Daten und Programme sind auf vielerlei Medien enthalten und müssen oft erst umständlich zusammengeführt werden. Ebenso verhält es sich um das Wissen über die Anwendung, das entweder vollständig personalisiert oder auf inkompatiblen Medien gespeichert ist.

Endbenutzersysteme sind daher für einen Anwendungsexperten nur dann ein wertvolles Instrument, wenn eine Schnittstelle existiert, die alle Informationsgruppen in einer einheitlichen Form beschreib- und manipulierbar macht. Denn erst dadurch läßt sich der Aufwand für das Zusammenführen unterschiedlichster Informationsquellen reduzieren und dem Anwendungsexperten ein System zum Experimentieren zur Verfügung stellen, bei dem das Experiment vom Benutzer selbst konzipiert, gesteuert, unterbrochen und nach der Analyse von Zwischenergebnissen fortgesetzt werden kann.

Derartige Anwender benutzen den Rechner und damit das Endbenutzersystem nicht vorherplanbar, sondern häufig in unregelmäßigen zeitlichen Abständen und mit veränderten Aufgabenstellungen. Dabei wird das Zurechtfinden im System leicht selbst zur Schwierigkeit. Um bei der Benutzung genügend Unterstützung zu leisten, müssen Informationen sowohl über das System selbst als auch über die Anwendung zur Verfügung stehen.

Anwender auf dieser Ebene verwenden die Ergebnisse eines EUS unmittelbar zur Erfüllung ihres Aufgabenbereichs, während die nachfolgenden Benutzertypen nur mittelbare Funktionen im Hinblick auf die Entscheidungsunterstützung haben.

2) Benutzer der Ebene 2 (Anwendungsbetreuung)
Benutzer dieser Ebene erstellen und betreiben Anwendungen, die ein hohes Maß an DV-Kenntnissen verlangen. Sie verwalten Daten und erstellen Programme, führen Unterweisungen durch oder integrieren und testen neue Funktionen. Diese Aufgaben fallen gewöhnlich den Anwendungsprogrammierern (ACM78, S.5ff) und den Anwendungsadministratoren (STU82, S.12) zu.

Durch die Verfügbarkeit von Minicomputern bzw. arbeitsplatzorientierten Rechnerkapazitäten wird der Rechner jedoch auch einem Personenkreis zugänglich, der mit Hilfe von Endbenutzersprachen, wie z. B. BASIC und APL, selbst Anwendungsprogramme erstellen kann. Gerade diese Benutzergruppe spielt für den Erfolg von EUS eine besondere Rolle, da gerade sie wichtige Funktionen bei der Systemeinführung und -betreuung übernehmen kann.

a) Anwendungsprogrammierer
Anwendungsprogrammierer entwickeln Programme zur immer wiederkehrenden Benutzung entweder im Stapelbetrieb oder interaktiv durch Anwendungsexperten. Diese Programme bearbeiten Aufgaben, die wohlverstanden sind, und operieren auf der Basis bekannter Regeln und kompletter Daten.

b) Mittelbenutzer
Mittelbenutzer sind in Fachabteilungen angesiedelt und beschäftigen sich hauptsächlich mit anwendungsspezifischen Problemen. Da ihre Anforderungen an den Rechner oft sehr spezieller Natur sind, benutzen sie Sprachen, die es ermöglichen, kleinere Anwendungen schnell und mit geringen Kosten zu erstellen. Die Mittelbenutzer zeichnen sich durch einen hohen Stand an DV-Kenntnissen verbunden mit Anwendungswissen aus.

c) Anwendungsadministratoren
Anwendungsadministratoren sind für die Erstellung von Anwendungen unter der Verwendung des Basissystems und für die anschließende Betreuung von Endbenutzern zuständig.

Sie sammeln darüber hinaus Informationen über das Verhalten und die Benutzung von Endbenutzersystemen, übernehmen die Schulung und leisten Hilfestellungen bei der Systemeinführung und -erweiterung. Sie brauchen nicht notwendigerweise DV-Experten zu sein. Es genügt, wenn sie die Kenntnisse eines Mittelbenutzers besitzen, da sie vor allem auch die betreuten Anwendungen inhaltlich verstehen und auf die Objekte und Operatoren des Basissystems abbilden müssen.

3) Benutzer der Ebene 3 (Systemebene)
Hier werden alle die Aufgaben erledigt, die sich mit dem Rechner direkt befassen. Die Sprachmöglichkeiten des Benutzers müssen Funktionen enthalten, um z. B. Anwendungsprogrammpakete zusammenzustellen, Funktionen des Betriebssystems zu ergänzen und evtl. durch die Kontrollsprache Einrichtungen des physischen Rechensystems zu steuern. Gewöhnlich werden solche Benutzer als Systemspezialisten bezeichnet. Da die Anwender auf dieser Ebene nachfolgend weniger zur Diskussion stehen, sollen sie hier nicht weiter behandelt werden.

1.1.2 Funktionsbereiche

Endbenutzersysteme sind für alle Funktionen einer Organisation einsetzbar, da sie den Charakter von "Werkzeugen" haben. Eine umfassende Beschreibung scheint wegen der Vielzahl der Unterschiede im Detail nicht hilfreich. Deshalb sollen nachfolgend stichwortartig zumindest die Systemanforderungen aufgezählt und im Hinblick auf ihre Eignung bewertet werden, die beim heutigen technologischen Stand erfüllt sein müssen, um von einem Basissystem für EUS sprechen zu können.

Charakteristika des Basissystems	Geeignet für EUS	Ungeeignet für EUS
Aufgabenspektrum	vielseitig	begrenzt
Sprachstil	Benutzer sagen nur "was" sie wollen, oft in einer Anweisung	Sprachmittel, die das "wie" einer Problemspezifikation erfordern
Arbeitsweise	on-line, interaktiv für nicht vorherplanbare Benutzung	Stapelbetrieb, vorher definierte Aufgaben, wiederholte Benutzung
Nutzung	Personen mit Datenverarbeitungsaufgaben, aber ohne DV-Erfahrung	Anwendungsprogrammierer, Systemspezialist
Funktionsvorrat	limitiert zu Beginn, aber unbegrenzt erweiterbar	durch Implementierung begrenzt und festgelegt
Umfang der Ergebnisse	limitiert auf wenige Daten	große Datenmengen
Wirksamkeit	Benutzereffizienz, d. h. Antwort- und Entwicklungszeiten vorrangig vor Maschineneffizienz	Maschineneffizienz als dominierendes Kriterium bei der Systembewertung

In Abb. 1.2 sind die heute vielfach verfügbaren Endbenutzersysteme gruppiert dargestellt. Sie sind entweder auf eine bestimmte Funktion, wie z. B. Texteditoren, beschränkt, oder aber sie sind allgemeiner Natur, wie z. B. APL und BASIC und können nur mit guten DV-Kenntnissen eingesetzt werden, oder sie sind in ihren Sprachmitteln begrenzt, wie dies z. B. bei Datenbanksprachen der Fall ist. Diese gehören zwar zu den "Endbenutzersprachen" und besitzen dieselben Nutzungsanforderungen wie EUS; sie sind jedoch, wie noch zu zeigen sein wird, funktional nicht mächtig genug, um weite Teile der Tätigkeiten von Endbenutzern abdecken zu können.

Abb. 1.2: Systeme zur Unterstützung des Endbenutzers

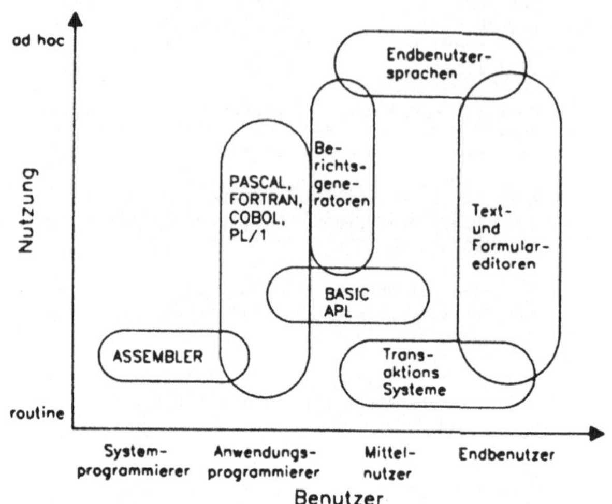

Datenbanksprachen und das auf diesen aufbauende, aber funktional erweiterbare System IDAMS (ERB80) sollen nachfolgend stellvertretend detaillierter vorgestellt werden.

1) Datenbanksprachen

Durch die Entwicklung deskriptiver (vgl. WEL81), höherer Sprachtypen hat man versucht, leicht zu handhabende Benutzerschnittstellen zu schaffen (vgl. LOC77), welche die Abfrage, Veränderung und eingeschränkte Verarbeitung von Daten aus einer Datenbank zulassen. Dabei basieren viele neue Ansätze auf dem Relationenmodell (vgl. hierzu COD70). Sie lassen sich danach klassifizieren, ob sie nach dem Prädikatenkalkül oder der Relationenalgebra (COD72) gestaltet sind. Nach der Form, wie sie sich dem Benutzer präsentieren, unterscheidet man lineare, zweidimensionale und graphische Sprachen (vgl. CHA76b). Bei den Vertretern linearer Sprachen muß bei der Problemformulierung eine feste Reihenfolge eingehalten werden, während graphische und zweidimensionale Sprachen dem Benutzer größere

Freiheiten geben. Im Anhang sind Datenbanksprachen, einschließlich ihres Sprachtyps, Anwendungsbereichs und ihre Anbieter aufgeführt (teilweise entnommen aus BCS81). Wie sich bei experimentellen Erprobungen und ersten praktischen Einsätzen gezeigt hat, können Teilmengen dieser Sprachen von Endbenutzern schnell erlernt werden, während die Ausnutzung des vollen Sprachumfangs nur nach längerer Erfahrung möglich scheint (vgl. REI81,CHA80). Daher wird häufig, insbesondere für die gelegentlichen Benutzer, ein natürlichsprachlicher Ansatz gefordert (SHN80,HEN78,WAL77,PLA76).

Bei natürlichsprachlichen Systemen wird angenommen, daß der Lernaufwand beim Benutzer gering ist, da der Anwender diese Sprache im täglichen Umgang gebraucht. Allerdings sind natürliche Sprachen nicht exakt und es gibt daher verschiedene Vorschläge, um Mehrdeutigkeiten bei der Problemformulierung auszuschließen. Bei TORUS (vgl. MYL76) wird dem System Wissen über die Anwendung mit Hilfe semantischer Netze (zu semantische Netze vgl. MYL80, S.6f) mitgeteilt. Solche Netzstrukturen sind individuell für jede Anwendung zu erstellen und fungieren als Basis sowohl für die Analyse der Eingabe als auch für die Erzeugung einer natürlichsprachlichen Antwort. In RENDEZVOUS wird (vgl. COD74) besonderer Wert darauf gelegt, dem Benutzer mitzuteilen, wie eine Anfrage verstanden wurde. Darüber hinaus wird versucht, den Benutzer soweit zu führen, daß er schließlich in der Lage ist, eine fehlerfreie und eindeutige Anfrage zu formulieren. Beide Systeme gehen davon aus, daß semantisches Wissen global modelliert werden sollte, was dann in der Praxis häufig zu längeren Verifikationsdialogen führt. USL (vgl. OTT79) verzichtet auf diese oft störenden Vorbereitungen und nimmt an, daß der Anwender einen großen Teil der Semantik seiner Anwendung kennt und daher nur wenige Hilfestellungen benötigt. Das System braucht nur spezielle Regeln zu verifizieren. Wie praktische Studien ergeben haben, ist diese Annahme haltbar. Es treten kaum Fehler bei der Frageformulierung auf und der Lernaufwand ist gering (vgl. KRA82, S.106ff).

Alle Datenbanksprachen sind im Hinblick auf die Entscheidungsfindung unter der Annahme konzipiert, daß viele und zugleich korrekte Daten zu "guten" Entscheidungen führen. Jedoch sind in Datenbanksprachen meist nur wenige Operatoren zur weiteren Datenanalyse und -aufbereitung vorgesehen.

2) IDAMS (Integriertes Datenanalyse- und Management-System)
IDAMS wird im folgenden stellvertretend für eine Klasse von Systemen beschrieben werden, die die Bereitstellung von höheren Funktionen in der Benutzerschnittstelle vorsehen (BLA82,SCA82). Diese Funktionen beziehen sich auf eine Elementaraufgabe eines Anwenders und sollen daher als "Benutzeroperatoren" bezeichnet werden (vgl. STU82). Auch in nachfolgenden Kapiteln wird immer wieder Bezug auf dieses System genommen, da es von allen vergleichbaren Systemen, wie z. B. MADAS und KARAMBA, das flexibelste und ein jederzeit erweiterbares Funktionenangebot besitzt, ein von unabhängigen Anwendern gleichzeitig zu verwendendes Datenbanksystem vorsieht, eine einheitliche Benutzerschnittstelle zur Verfügung stellt und sowohl graphische als auch numerische Ergebnisaufbereitung zuläßt.

IDAMS bietet Anwendungsexperten eine einheitliche Problemlösungsumgebung an, indem es eine Vielzahl von Funktionen in einem System vereint. Zu diesen Funktionen gehören (1) die Verwaltung von Daten in einem Datenbanksystem, (2) der Zugang zu einem Methodenbanksystem für Anwendungsprogramme, die in verschiedenen prozeduralen Programmiersprachen geschrieben sein können, (3) die Problemformulierung mit der deskriptiven Endbenutzersprache EQBE (EQBE = Extended Query by Example (vgl. BER76)), welche die einheitliche Behandlung von Daten und Methoden erlaubt, (4) eine Komponente zur Aufbereitung von Ergebnissen, entweder als Bericht oder in graphischer Form und (5) eine Komponente zur Benutzerführung und -unterstützung, die dem Anwender nicht nur beim Kennenlernen des Systems, sondern auch bei der Formulierung der Aufgabenstellung und der Objektauswahl hilft. Die Dialogkomponente (6) ist programmierbar und stellt eine Reihe von Sprachprimitiven zur Verfügung, die schnell eine Anpassung an anwendungsspezielle Kommunikationsformen gestattet. Durch die Möglichkeit, das System während einer Sitzung abwechselnd benutzer- und systemgesteuert zu betreiben, erlaubt IDAMS einen fließenden Übergang von der "Laienbenutzung" hin zur Verwendung durch einen "Systemexperten".

Die besondere Stärke von IDAMS resultiert aus der Verfügbarkeit von APL, was es dem Benutzer bei Bedarf erlaubt, zusätzliche Prädikate zur deskriptiven Sprache (EQBE) zu formulieren und eigene Operatoren zu erstellen. IDAMS übersetzt die Problemstellung in ein ausführbares Programm. Dieser zur Interpretation alternative Kompilationsansatz gestattet es dem Endbenutzer, Anwendungen mit denselben Sprachmitteln zu entwickeln, die er auch zur Problemformulierung gebraucht. Eine einmal geschriebene Problemformulierung kann innerhalb komplexerer Aufgabenstellungen als Benutzeroperator rekursiv wiederverwendet werden.

1.1.3 Endbenutzerinteraktion

Neben der Funktionsbreite bestimmt vor allem die Form der Kommunikation zwischen Benutzer und System (Endbenutzerinteraktion) den Erfolg von EUS. Dabei muß der Dialog eine geeignete Mischung von aktiver Führung des Benutzers durch den Rechner und reaktivem Verhalten bei Anforderungen durch den Anwender ermöglichen (vgl. MIL77, S.523ff).

Die Kommunikation zwischen Benutzer und System ist zielorientiert. Gewöhnlich wird der Benutzer die Initiative ergreifen, auf die das System dann reagiert. Diese Interaktion wird solange fortgesetzt, bis einer der folgenden drei Zustände erreicht wird:

a) Ein den Benutzer zufriedenstellendes Ergebnis wird erreicht.
b) Der Benutzer bricht die Interaktion erfolglos ab.
c) Das System beendet die Interaktion wegen eines Systemfehlers.

Wünschenswert ist ausschließlich der erste Zustand. Um das Auftreten von (b) zu vermindern, muß der Dialog zwischen Benutzer und System zumindest fünf Anforderungen erfüllen (vgl. auch TIN76):

1) Der Dialog muß benutzerorientiert sein, d. h., er muß Objekte und Operatoren zum Gegenstand haben, die sich aus der Anwendung ergeben.

2) Der Dialog muß direkt sein, d. h., er wird mittels einer Datenstation durchgeführt, wobei das Mittel zur Kommunikation eine künstliche Sprache ist.

3) Die Kommunikation ist zweiseitig, d. h., das System muß schnell auf die Anforderungen des Benutzers reagieren und die Antwort in einer Form aufbereiten, die leicht verstanden wird. Man unterscheidet zwischen einem benutzer- und einem systemgetriebenen Dialog (vgl. MIL77, S.523ff). Das Differenzierungskriterium ist dabei, ob die Interaktion vollständig vom Benutzer oder vom System geleitet wird. Zu den ersten Dialogformen gehören z. B. die Datenbanksprachen und die Sprachen des Mittelbenutzers. Dem Vorteil der unmittelbaren Problemformulierung steht der Nachteil gegenüber, daß der Benutzer die künstliche Sprache in ihrer Syntax und Semantik kennen muß. Ein systemgetriebener Dialog befreit den Benutzer von diesem Lernaufwand, da die notwendigen Informationen vom System abgerufen werden.

4) Die Interaktion ist ausgewogen, d. h. das Vokabular und der Umfang des Dialogs entsprechen der Problemstellung.

5) Der Benutzer muß das Gefühl haben, daß er das System beherrscht und dessen Verhalten durchschaut. Dabei ist es aber durchaus möglich, daß einzelne Komponenten eines EUS, z. B. die Datenbank, zur gleichen Zeit auch von anderen Anwendern benutzt werden.

1.1.4 Architektur und Nutzung von EUS

Die Architektur eines Basissystems zur Erstellung von EUS besteht aus Komponenten, die es dem Anwendungsadministrator ermöglichen, auf eine spezielle Anwendung (EUS) oder einen bestimmten Benutzer bezogene Schnittstelle leicht zu erstellen. Dazu sollen die in Abb. 1.3 dargestellten Bestandteile eines Basissystems für ein EUS unterschieden werden (vgl. auch STU82, S.26).

Abb. 1.3: Komponenten eines Basissystems

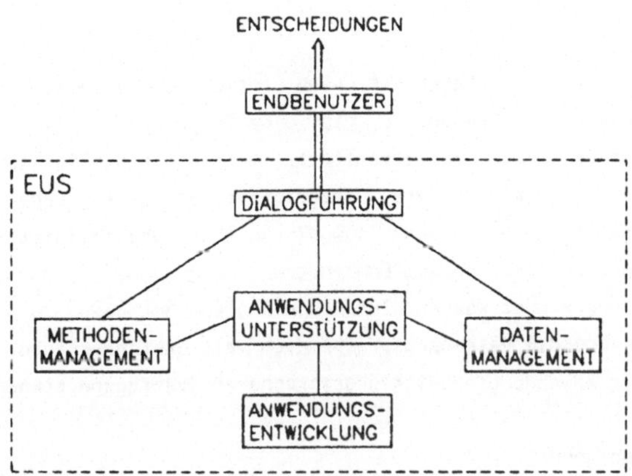

1) Dialogführung

Die Dialogführung steuert die Kommunikation zwischen dem Benutzer und dem EUS. Sie aktiviert die Komponenten des Basissystems und sollte anwendungsneutral sein. BENNETT (BEN77) nennt den Benutzer, die Datenstationen und die Software als die bestimmenden Bestandteile der Dialogführung, wobei deren Zusammenspiel durch drei Instrumente geregelt wird:

a) Die Kommandosprache enthält Operatoren, die dem Benutzer die Handhabung des Systems erlauben. Darunter wird sowohl die Bedienung des physischen Kommunikationsmediums, z. B. Tastaturen von Datenstationen, als auch die Nutzung des EUS verstanden.

b) Die Problem- oder Präsentationssprache dient zur Erzeugung der Ergebnisse und deren Aufbereitung. Hierher gehören die Nennung der Ausgabemedien, die Problemformulierung und die Verwendung verschiedener Dartellungstechniken, z. B. Berichte oder Graphiken.

c) Das Auskunftssystem enthält die beschreibenden Informationen, die zur Bedienung des Systems hilfreich sind. Es speichert Beschreibungen des Basissystems und des EUS, wobei sowohl ein gezieltes Abrufen durch eine HELP-Funktion oder auch sequentielles Durcharbeiten unterstützt werden sollte. Diese "On-line-Hilfe" kann durch Referenzkarten oder Handbücher ergänzt werden.

2) Datenmanagement

Die Verwaltung von Daten ist eine notwendige Voraussetzung und zugleich diejenige Komponente, die eine Integration aller mit dem Basissystem erzeugten EUS garantiert. Als Schnittstelle zur Datenbank bietet sich eine höhere, deskriptive Datenbanksprache an. Sie kann als selbständige Sprache sowohl vom Anwendungsadministrator zur Datendefinition als auch vom Endbenutzer zur Abfrage und Manipulation von Daten verwendet werden. Zur Kopplung von Methoden zu komplexen Operatoren muß die Datenbanksprache auch als Gastsprache zur Verwendung in der Anwendungsentwicklungssprache zur Verfügung stehen.

3) Methodenmanagement

Methodenbanksysteme basieren auf der Annahme, daß sich Programmlösungen auf Vorrat zur wiederholten Verwendung produzieren lassen. Die Sammlung und der Einsatz solcher Bausteine kann erheblich zur Aufwandsreduzierung bei der Erstellung neuer Anwendungen beitragen (vgl. HUE82, S.1ff). Vorgefertigte Programme können entweder in Form von aufrufbaren Unterprogrammen, als eigenständige Hauptprogramme oder als selbständige Programmsysteme mit eigener Sprachschnittstelle angeboten werden oder vorhanden sein. Um dem Endbenutzer eine einheitliche Verwendung der unterschiedlichen Programmbausteine zu gestatten, muß das Methodenmanagement über Verfahren verfügen, die sich an den Aufrufformen der vorgegebenen Programmsysteme orientieren. Bei allen drei Formen von Standardprogrammen müssen jedoch die einzelnen Bausteine hinsichtlich ihrer Semantik, des Kontextes von Ein- und Ausgabedaten und der Schnittstellen zum Betriebssystem eindeutig abgrenzbar und dokumentiert sein.

Systeme zur Methodenverwaltung erfordern eine klare Trennung zwischen den Funktionen, die losgelöst von einer bestimmten Anwendung benötigt werden, und solchen Komponenten, die zur Erzeugung von speziellen Anwendungen dienen. Zu den anwendungsneutralen Aufgaben zählen vor allem die Methodenintegration und die Kompatibilität der eventuell in verschiedenen Programmiersprachen geschriebenen Programme mit dem Anwendungsentwicklungssystem und dem Datenmanagement. Im Gegensatz dazu umfassen die anwendungsbezogenen Funktionen die benutzergerechte Methodenauswahl und die Kontrolle der Methodenverwendung. Die Konstrukte zur Formulierung der speziellen Funktionen können Bestandteile der Anwendungsentwicklungssprache sein.

4) Anwendungsentwicklung und Anwendungsunterstützung
Zur Ausführung einer Problemformulierung wird meist sowohl die Methoden- als auch die Datenbank verwendet. Möglicherweise ist dabei unbekannt, welche für das jeweilige Problem geeigneten Methoden und Daten im System vorhanden sind. Ferner ist oft unklar, ob die Methoden in ihren Beziehungen zueinander und zu den verwendeten Daten syntaktisch und semantisch verträglich sind. Um für beide Anforderungen eine Unterstützung bei der Problemformulierung zu gewähren, werden entsprechende beschreibende Informationen benötigt, die einerseits dazu dienen, dem Benutzer Auskunft über die Anwendung zu geben, andererseits aber auch verhindern sollen, daß die Methoden und Daten fehlerhaft eingesetzt werden (vgl. hierzu die Übersicht bei ALP80). Diese Funktionen sind zwar logisch voneinander getrennt zu sehen und in Abb. 1.3 auch getrennt dargestellt, sie können jedoch mit denselben Mitteln realisiert werden. Während bei kleinen überschaubaren EUS das Fehlen von automatischen Verträglichkeitsprüfungen und einer im System enthaltenen Dokumentation noch vertretbar erscheint, bergen komplexe Systeme mit reichhaltigem Methoden- und Datenangebot die Gefahr in sich, daß der Benutzer vor Fehlverhalten nicht genügend geschützt ist oder sich im System nicht mehr zurechtfindet.

Das System MADAS verlangt zu diesem Zweck in Dialogform beschreibende Informationen von dem Benutzer bezüglich der ausgewählten Daten. Diese auf die Datenbank beschränkten Integritätsprüfungen werden von IDAMS auch auf Operatoren übertragen. Dazu wird vorgeschlagen, ein Informationsnetzwerk zu erstellen, das die Aufgliederung der Gesamtanwendung in Teilaktivitäten ermöglicht. Die zunehmende Verfeinerung der Anwendung kann mit der wiederholten Ausübung eines Disjunktionsoperators erreicht werden (vgl. ERB80, S.275). Wie auch bei METHAPLAN (vgl. ESP78) werden dabei an jedem Netzknoten oder auf allen Hierarchieebenen alternative Anwendungsfunktionen erzeugt.

Anwendungsentwicklung durch Endbenutzer basiert bei den bisher erwähnten Systemen auf dem Prinzip, daß unter Verwendung von existierenden Operatoren und Objekten neue, komplexere Operatoren erzeugt und in die Methodenbank eingefügt werden können. Zu diesem Zweck muß die Beziehung der Operatoren untereinander definiert werden. Dies kann entweder statisch zum Definitionszeitpunkt der Anwendungsentwicklung oder dynamisch zum Nutzungszeitpunkt geschehen. Ausgehend von der "Jackson-Methode" (JAC75) schlägt STUDER (STU82, S.33f) dabei die Erweiterung des Strukturierungsprinzips von Informationsnetzen um die Operatoren "Konjunktion", "Sequenz", "Relation" und "Iteration" vor (s. auch Abb. 2.30). Eine solche statische Vorgehensweise hat den Vorteil, daß sie nur einmal durchgeführt werden muß. Eine zweite und im Hinblick auf die Anpassungsfähigkeit flexiblere Vorgehensweise sieht die Bereitstellung einer prozeduralen Anwendungsentwicklungssprache vor. IDAMS bietet zu diesem Zweck die Sprache APL, die es dem Benutzer erlaubt, alle verfügbaren Methoden mit Hilfe dieser zusätzlichen Sprache zu verbinden. So genügt das einfache Strukturierungsprinzip der "Disjunktion", um die semantische Verträglichkeit von Methoden und Daten zu garantieren. Diese dynamische Technik unterscheidet dabei zwischen der Erstellung einfacher und komplexer Anwendungen. Während bei einfachen Entwicklungen die Kenntnis von APL hilfreich sein kann, ist sie bei komplexen Problemen zwingend notwendig und erfordert dann einen Endbenutzer mit wesentlich höheren DV-Kenntnissen als die statische Methode.

Neben den Informationsnetzen dienen vor allem "Data Dictionaries" (vgl. BCS77) den gewünschten Integritäts- und Dokumentationszwecken. Dabei werden den Datenobjekten statisch Beschreibungen zugeordnet, welche die Anforderungen der Daten an die Verarbeitung und den Gebrauch der Daten durch auswertende Programme regulieren.

Die Ausführung einer Benutzeraufgabe erfordert vom Anwender die Bedienung von zwei unterscheidbaren Komponenten. Während die "Anwendungsunterstützung" bei der Aufgabenbeschreibung Hilfestellung leistet, führt das "Datenanalyse- und Anwendungsentwicklungssystem" die eigentliche Informationsverarbeitung durch. Die dazu notwendigen Operatoren sind in Abb. 1.4 dargestellt.

Abb. 1.4: Nutzung eines EUS

ANWENDUNGS-UNTERSTÜTZUNG		DATENANALYSE + ANWENDUNGS-ENTWICKLUNG
strukturiere Anwendung definiere Daten definiere Methoden	Anwendungs-modellierung	füge Daten ein füge Programme ein füge Anwendungen ein
beschreibe Anwendung beschreibe Methoden	Anwendungs-beschreibung	stelle Daten bereit stelle Programme bereit kombiniere Programme
wähle Anwendung aus wähle Daten aus wähle Methoden aus	Problem-beschreibung und Problem-lösung	extrahiere Daten wende Algorithmus an

Die Ausführung einer Anwendungsaufgabe läuft nun in vier Schritten ab:

a) Der Anwender "navigiert" im Informationsnetzwerk oder selektiert im "Data Dictionary" die Anwendung, die er durchführen möchte.

b) Dabei wählt er die geeigneten Operatoren und Daten aus, wobei das Datenanalysesystem die gewünschten Objektdefinitionen automatisch bereitstellt.

c) Ausgehend von den Beschreibungsinformationen stellt das System eine Schnittstelle zur Verfügung, die der Endbenutzer zur detaillierten Problemformulierung benutzt.

d) Entweder nach der Ausführung oder schon zum Zeitpunkt der Problemformulierung wird die Ergebnispräsentation formuliert und es werden Entscheidungen über die Ergebnisverwendung getroffen.

Natürlich ist es nicht unbedingt notwendig, daß immer alle diese Schritte eingehalten werden. Mit zunehmender Systemkenntnis wird der Anwender Einzelphasen zur Problemformulierung abkürzen und übergehen, oder aber komplexe Operatoren erzeugt haben, die z. B. die Ergebnisaufbereitung erleichtern.

1.2 Organisatorische Umgebung von EUS

Der Zusammenhang zwischen einem EUS und seinem Basissystem ist mit der Beziehung von Programmiersprachen zu Anwendungsprogrammen zu vergleichen. Vom Benutzer tatsächlich verwendete EUS müssen erst erstellt werden. Sowohl für den Entwicklungsprozeß spezieller EUS als auch für die Gestaltung der dazu notwendigen Werkzeuge, ist eine Analyse des Einsatzbereichs notwendig. Die Diskussion der Informationsflüsse und Entscheidungsstrukturen in Organisationen soll dazu dienen, die Anwendungsbereiche von EUS richtig zu bestimmen. Eine Analyse der Form wie Endbenutzer ihre Probleme konzeptionalisieren, gibt Kriterien zur Bewertung von Schnittstellen. Organisatorische und individuelle Rahmenbedingungen bestimmen den Entwicklungsprozeß spezieller EUS, von dem angenommen wird, daß er meist nicht "in einem Guß", sondern nur iterativ erfolgen kann.

1.2.1 Entscheidungs- und Informationsstruktur

Der Begriff "Informations- und Entscheidungssystem" (IES) soll zur Kennzeichnung aller informationsverarbeitenden Vorgänge in Organisationen dienen (vgl. hierzu KIR71, S.49ff). Das IES umfaßt dabei menschliche und maschinelle Steuerungs- und Regelungsprozesse.

Der Entscheidungsprozeß selbst ist ein in Teilphasen zerlegbarer Vorgang zur Willensbildung und Willensdurchsetzung, wobei jede Teilphase durch spezifische Informationsanforderungen und Entscheidungsregeln gekennzeichnet ist. Die Phase der Willensbildung ist durch die Datensammlung, den Entwurf von Lösungsstrategien und durch die Erstellung von Lösungsalternativen charakterisiert, während die Willensdurchsetzung deren Realisierung umfaßt. EUS dienen hauptsächlich zur Unterstützung der Willensbildung. Sie können nur dann Entscheidungen fällen, wenn diese von Menschen vorher sanktioniert worden sind.

ALTER (ALT80) hat in einer empirischen Untersuchung festgestellt, daß die zur Zeit eingesetzten EUS entweder die Entscheidungsakte oder die Datenbereitstellung in den Vordergrund stellen. Dies führt im ersten Fall häufig zu Entscheidungssystemen mit nur schwer erfüllbaren Informationsvoraussetzungen und im zweiten Fall zur Informationsüberladung des Entscheidenden und damit zu "Zahlenfriedhöfen". Solche Probleme entstehen, weil diese EUS neben ihrer funktionalen Ausrichtung die Zusammenhänge der Informations- und Entscheidungsstruktur in Organisationen zu wenig berücksichtigen. HACKATHORN und KEEN (HAC81) weisen darauf hin, daß EUS sowohl unabhängige Entscheidungen als auch die Kommunikation der Entscheidungsträger untereinander unterstützen sollten. Dabei unterscheiden sie zwischen selbständigen Entscheidungen, bei denen die Willensbildung und -durchsetzung bei einer Person angesiedelt ist, der sequentiell abhängigen Entscheidung, wo einzelne Personen nur Teilprobleme bearbeiten und die Ergebnisse weiterreichen, und den Entscheidungen durch einen Verhandlungsprozeß, wo Ergebnisse und

Zwischenergebnisse ausgetauscht und eventuell wieder als Eingabe verwendet werden.

Berücksichtigt man ferner, daß für eine Vielzahl von Entscheidungen unterschiedliche Informationsquellen und im Detail unbekannte Algorithmen eingesetzt werden, so lassen sich nach KIRSCH und BIDDLE weitere Klassifizierungskriterien finden, die die Anwendungsbereiche von EUS abstecken (vgl. KIR71, S.84ff). Als offiziell bzw. öffentlich werden dabei jene beobachtbaren Informations- und Entscheidungsprozesse bezeichnet, die durch eine autorisierte Instanz für alle Organisationsteilnehmer als verbindlich gelten. Dabei handelt es sich z. B. um Vorgaben, die den Ablauf der physischen Prozesse steuern und regeln, wie etwa bei Fertigungsinformationssystemen oder Einkaufs- und Lagerhaltungssystemen. Damit sind aber auch Verhaltensnormen umfaßt, die sich aus staatlichen Gesetzen, Organisationsrichtlinien und Unternehmensstrategien, sowie der Kultur und Verfassung des Supersystems, z. B. des Staates, ergeben.

Verarbeitungsprozesse in offiziellen Informationssystemen beschreiben nur einen Teil der anfallenden Vorgänge. Bei einer Vielzahl von Entscheidungen sind kognitive Prozesse beteiligt, die als intra-individuelle Informationsverarbeitungsvorgänge beschrieben werden können. Die Gesamtheit dieser Prozesse bildet das kognitive Informationssystem (vgl. KIR71, S.87). Es kann durch Begriffe aus dem individual-psychologischen Bereich, wie z. B. Einstellung, Werte, Attitüden und rollenspezifische Definition der Situation erklärt werden. Zentraler Bezugspunkt und kleinste Denkeinheit dieses Ansatzes bildet die Entscheidungsprämisse als Grundlage der Entscheidung. Welche Entscheidungsprämissen tatsächlich Entscheidungen zugrundeliegen, ist ein noch ungelöstes Problem.

Das offizielle und das kognitive Informationssystem bilden zusammen die Basis zur Entscheidungsfindung. Beide Systeme sind voneinander abhängig und beeinflussen sich gegenseitig.

Die bisherige Analyse ignoriert die Einbeziehung der funktionalen Gliederung von Organisationen. Dazu muß nach der Herkunft der Informationen noch die Struktur von Aufgaben untersucht werden. Dabei soll in Anlehnung an GORRY und SCOTT MORTON (vgl. GOR71, S.55ff) zwischen strukturierten, teilstrukturierten und unstrukturierten Aufgaben unterschieden werden. Die Begriffe "strukturiert" und "unstrukturiert" beschreiben die Adäquanz von Algorithmen und Daten hinsichtlich des Lösens von Problemen. Während strukturierte Aufgaben automatisierbar sind, und so die menschliche Beurteilung ersetzt werden kann, basiert die Behandlung unstrukturierter Aufgaben ausschließlich auf der Bewertung durch den Menschen. Bei "teilstrukturierten" Problemstellungen sind zwar oft die einzelnen verwendeten Methoden strukturiert, die Kopplung von Methoden untereinander und die Auswahl der Methoden und Daten sind jedoch unstrukturiert. Aufgaben dieser Art sind prädestiniert für das Zusammenspiel menschlicher Intuition und den Fähigkeiten eines Rechners.

Aus ihrer Zielorientierung ergibt sich, daß Organisationen hierarchische Systeme sind, wobei die in der Hierarchie übergeordneten Einheiten Beschränkungen für die Entscheidungen untergeordneter Bereiche festlegen. Nach ANTHONY (ANT65) können drei sich teilweise überlappende und häufig nur schwer abgrenzbare Subsysteme festgestellt werden:

1) Auf der untersten Ebene steuert und regelt das "operative System" die physischen Prozesse der Organisation. Die überwiegende Anzahl der Entscheidungen ist strukturiert, und die Informationen sind aus dem offiziellen Informationssystem erfaßbar. Es existieren Entscheidungsregeln derart, daß wenn die Parameter a,b,c,...,n gegeben sind, eindeutig die Aktion X aus einem definierten Vorrat an Handlungsstrategien ergriffen werden muß. Diese Organisationsebene ist hauptsächlich durch transaktionsorientierte Anwendungen und parametrische Programme zur Entscheidungsfindung gekennzeichnet.

2) Das "administrative System" entwickelt Handlungs- und Zielvorgaben für das operative System. So werden z. B. Pläne strategischer Art in bereichsbezogene Teilpläne umgesetzt, die benötigten Mittel zur Ausführung der Pläne bereitgestellt, Verantwortlichkeiten festgelegt und Kontrollen ausgeübt. Die anfallenden Entscheidungen sind überwiegend un- oder teilstrukturiert, und obwohl die Informationen

vorwiegend aus dem offiziellen Informationssystem stammen, werden sie doch oft durch die persönlichen Erfahrungen und Werte der Entscheidenden ergänzt.

3) Die Entscheidungen des "politischen Systems" sind durch ihren geringen Strukturierungsgrad und durch die Berücksichtigung zahlreicher individueller Werteprämissen charakterisiert. Gegenstand dieser Entscheidungen ist die Ausarbeitung strategischer Maßnahmen, wie z. B. langfristige Ziele, Einleitung tiefgreifender Änderungen und Vertretung der Organisationen nach außen. Die Entscheidungen des politischen Systems dienen nachfolgenden Subsystemen als direkte Entscheidungsprämissen.

Abb. 1.5: Organisations- und Aufgabenstruktur - Beispiel "Rechnungswesen"

Ebene / Aufgaben	operational	administrativ	politisch
strukturiert	Bezugsquellenwahl Beschaffungsmenge Kalkulation Werbemassnahmen	Preisobergrenze Marktanalysen Produktionsverfahren Kalkulation Statusberichte	Produktionsprogramm-überwachung Rentabilitätskontrolle
teil-strukturiert	Liquiditätsrechnung Reihenfolgeplanung Auftragserteilung	Budgetvorbereitung Investitions- und Finanzplanung	Marktidentifikation Analyse des Käuferverhaltens Rationalisierung
un-strukturiert	Kosten-Nutzen-Analyse Implementierung politischer Entscheidungen	Schulungsplan Bewertung von Vertriebsmassnahmen	Personalpolitik Forschungsplanung Budgetierung Aussenbeziehungen

GORRY und SCOTT MORTON (vgl. GOR71) haben die funktionale Gliederung von Organisationen und die Struktur von Entscheidungen vereinigt. In Abb. 1.5 ist am Beispiel von Aufgaben des betrieblichen Rechnungswesens die Kombination von Organisations- und Entscheidungsstrukturen dargestellt.

Auf der operativen Ebene kann die Rechnerunterstützung zumindest konzeptionell als beherrscht betrachtet werden. Es handelt sich um Informationssysteme, die fast völlig mit einer Vielzahl komplizierter Entscheidungsmodelle beschreibbar sind. Die das Systemverhalten bestimmenden Variablen sind zu zahlreich, als daß sie von Menschen in der notwendigen Geschwindigkeit erfaßt und berechnet werden könnten. Die höhere Geschwindigkeit und Qualität bei der Ergebnisbereitstellung führt zur flexiblen Anpassung an geänderte Situationen und damit zur produktiven Ausnutzung der Ressourcen. Meist sind die zu treffenden Entscheidungen repetitiv, erfordern hohe Rechengenauigkeit und die Bearbeitung umfangreicher Datenbestände. Daten, die auf dieser Ebene anfallen, bilden das Fundament aller rechnergestützten Entscheidungsfindungen auf höheren Ebenen.

Völlig anders gelagert sind die Anforderungen auf der administrativen und politischen Ebene. Nicht nur, daß hier kognitive Informationen und Programme von höherer Bedeutung sind, auch die Geschwindigkeit zur Entscheidungsfindung orientiert sich in vielen Fällen nicht an physischen Prozessen, so daß Entscheidungen nicht unbedingt in Sekunden gefällt werden müssen. Ebenso ist die Zahl der beeinflussenden Variablen geringer, allerdings in ihren Wertausprägungen weniger exakt und in ihren Zusammenhängen nicht immer bekannt. Betrachtet man die Budgetkontrolle als Beispiel für die Entscheidungen auf der administrativen Ebene, so ist es zumindest fraglich, ob tägliche Budgetberichte sinnvoller sind als wöchentliche oder monatliche, da bei täglichen Berichten evtl. sich anbahnende Entwicklungen wegen noch zu geringer Abweichungen nicht erkannt werden können.

Der Rahmen zur Klassifizierung von Entscheidungen und Aufgaben in Organisationen, wie er in Abb. 1.5 dargestellt ist, fordert wegen der fließenden Begriffe Widerspruch heraus. Zum einen fällt auf, daß man zwar Entscheidungen im Aufgabenspektrum nach ihren Eigenschaften "strukturiert" und "unstrukturiert" einteilen kann, daß jedoch "teilstrukturiert" keinen neuen Aufgabentyp, sondern eher einen heuristischen Problemlösungsweg beschreibt. Zum anderen ist unklar, ob die gewählte Einteilung sich nur auf das Wahrnehmungsvermögen eines Menschen bezieht oder objektiv die Eigenschaften einer Aufgabe wiedergibt. Trotz all dieser Bedenken ist der Klassifizierungsrahmen intuitiv befriedigend, wenn man die Einsatzmöglichkeiten und Anforderungen an EUS darstellen möchte. So implizieren z. B. teilstrukturierte Aufgaben einen benutzergesteuerten Dialog mit einem Computersystem und das Darstellen von Zwischenergebnissen, wobei der Entscheidungsprozeß entweder einem festen Plan folgend sequentiell oder aber nach jedem Zwischenresultat neu überdacht und schrittweise vonstatten gehen kann. Aufgaben dieser Art bilden die ökonomische Rechtfertigung des Einsatzes von EUS, da hierbei komplexe Fragestellungen in strukturierte Teilaufgaben zerlegt werden, die man schrittweise mit Hilfe des Rechners lösen kann. Diese Kooperation beruht auf dem Prinzip der Ergänzung und nutzt insbesondere folgende Fähigkeiten des Menschen (vgl. MUE78):

- seine Originalität und seine Fähigkeit zum Denken und Lernen;
- seine Assoziationsfähigkeit beim Erkennen von Strukturen und Gestalten;
- die Behandlung von Unsicherheiten;
- die flexible Bewertung von Zwischenergebnissen und der danach ausgerichteten Steuerung des Prozesses der Entscheidungsfindung.

1.2.2 Entscheidungsprozesse des Endbenutzers

Unterschiedliche Typen von Entscheidungen auf verschiedenen organisatorischen Ebenen stellen jeweils unterschiedliche Anforderungen an ein EUS. Schließlich kann eine gegebene Aufgabe in verschiedenen Organisationen zu verschiedenen Zeiten und von anderen Entscheidenden unterschiedlich behandelt werden. Das Ziel ist es, Gemeinsamkeiten in dieser Vielfalt und Unvereinbarkeit zu finden und für die Gestaltung von EUS anwendbar zu machen.

1.2.2.1 Ablauf von Entscheidungsprozessen

Die Entscheidungstheorie hat eine Vielzahl von Ansätzen zur Erklärung des Entscheidungsverhaltens entwickelt, wobei für EUS drei Paradigmen besonders wichtig sind (vgl. SPR82, S.97). Das Rationalitätspostulat geht davon aus, daß Entscheidungen eindeutig im Hinblick auf eine Zielfunktion geordnet werden können. Hierher gehören vor allem die Verfahren des "Operations-Research". Die Beobachtung, daß ein Teil der Entscheidungen auf einer unvollkommenen Informationsbasis getroffen werden, führte zur Entwicklung heuristischer Verfahren, mit dem Ziel, wenn nicht optimale, dann wenigstens befriedigende Resultate zu erzielen. Ein dritter, fundamental unterschiedlicher Ansatz beschreibt die Entscheidungsfindung als eine Folge von Einzelschritten, die solange fortgesetzt werden, bis ein Kompromiß aller Beteiligten erreicht ist. SIMON unterscheidet drei Phasen (vgl. SIM60):

1) Suchphase (Intelligence)
Die Umgebung wird nach Ereignissen überprüft, die eine Entscheidung notwendig machen. Dabei werden Daten gesammelt, verarbeitet und überprüft, um ein besseres Problemverständnis zu erhalten.

2) Entwurfsphase (Design)
Lösungswege werden erforscht, Algorithmen entwickelt und verschiedene Annahmen durchgespielt, um das Problem in seinen Abhängigkeiten zu verstehen.

3) Auswahlphase (Choice)
Aus den verfügbaren Handlungsstrategien wird eine ausgewählt und realisiert.

GORDON (GRD75) und CARLSON (CAS74) haben in getrennten empirischen Studien ermittelt, daß diese Entscheidungsphasen in der Praxis und vor allem bei der Nutzung von Endbenutzersystemen festgestellt werden können. Sie haben dabei vier Beobachtungen gemacht:

1) Konzeptionalisierung
Personen, die ein Problem lösen wollen, sind oft nicht in der Lage, ihre Probleme formal zu beschreiben. Sie arbeiten vielmehr mit konzeptionellen Darstellungen und informalen Hilfsmitteln. Dazu benutzen sie Bilder, Tabellen oder beschreiben ihren Anwendungsbereich durch die Charakterisierung von Einzelaufgaben.

2) Entscheidungsphasen
SIMONS Phasenschema ist empirisch nachweisbar. Dabei kann jedoch nicht angenommen werden, daß jede Entscheidung in der obigen Reihenfolge getroffen wird. Vielfach besitzt der Endbenutzer genügend Abstraktionsvermögen, um ein bestimmtes Problem in einem Schritt zu lösen. Die Phasen bei der Entscheidungsfindung verwischen sich mit dem Lernfortschritt der Problemlöser.

3) Gedankenstützen und Hilfen
Bei Entscheidungsfindungen wird vielfach auf Berichte, Gutachten, Notizen oder Mitteilungen zurückgegriffen, die manchmal durch Erfahrungswerte oder Meinungsäußerungen von Außenstehenden ergänzt werden. Diese Informationen werden häufig zur Strukturierung von Lösungsstrategien verwendet.

4) Persönliche Kontrolle
Entscheidungsträger arbeiten nicht nur an verschiedenen Aufgaben, sondern sie unterscheiden sich auch in ihrer Lösungsstrategie bei denselben Aufgaben. Gemeinsam ist jedoch das Bemühen um eine persönliche Kontrolle aller Einflußfaktoren bei der Entscheidungsfindung.

Nachfolgend wird versucht, diese Beobachtungen zu nutzen, um den konzeptionellen Aufbau eines EUS abzuleiten.

1.2.2.2 Konzeptionelle Problemformulierung mit EUS

Die Erfahrungen der letzten Jahre mit Endbenutzersystemen deuten darauf hin, daß einer der wesentlichen Gründe für die Schwierigkeiten des Rechnereinsatzes zur Entscheidungsunterstützung in der konzeptionellen Distanz der vom Benutzer gewohnten Lösungsstrategie und deren Umsetzung in die Darstellungsweisen konventioneller Programmiersprachen liegt (vgl. ACK60,ALT80,MER77). Normalerweise muß der Anwender Begriffe und

Lösungsprozeduren, wie sie in seinem Problembereich vorkommen, in Konstrukte einer Sprache übertragen, deren Syntax, Objekte und Operatoren vielfach von Erfordernissen der Verarbeitungsmaschinen diktiert sind. Im allgemeinen erfordert dieser Vorgang eine spezielle - durch die Sprache determinierte - Denkweise und die Beschreibung vieler, im Problembereich unwesentlicher oder nicht existierender Details. Weiterhin wird dem Endbenutzer in seiner Rolle als Programmierer meist nur ein Satz linguistischer Konstrukte angeboten, aber kein Plan, wie diese sinnvoll zu nutzen sind. Das Ziel muß folglich die Schaffung eines Instruments sein, das die Modellierung des Anwendungsbereichs mit solchen Sprachkonzepten zuläßt, welche sich ausschließlich aus der Anwendung ergeben. Die Aufgabe, die Realität abzubilden, ist in ihrer Komplexität davon abhängig, zu welchem Grad die Konstrukte einer formalen Sprache ihr Gegenstück in der Realität finden. Falls zwischen Modellsprache und Anwendungsbereich wenig Übereinstimmung herrscht, wird der Abbildungsaufwand groß und die Nutzung beschwerlich und teuer sein.

Die Überwindung dieser konzeptionellen Distanz verlangt nach einer ebenenorientierten Betrachtungsweise. Dabei unterscheiden sich die Ebenen durch die Objekttypen und Operatoren, die sich aus der jeweiligen Aufgabenstellung im Hinblick auf ihre Bearbeitung durch einen Rechner ergeben. Auf der höchsten Ebene, der Schnittstelle zum Benutzer, wird dabei der Versuch gemacht, Konstrukte, Repräsentationen oder Objekttypen anzubieten, die eine Modellierung der Anwendung leicht ermöglichen. Die Operatoren müssen den Objekttypen entsprechen. Da Benutzer von EUS den Rechner sehr individuell und unregelmäßig verwenden, sollten Hilfsmittel zur "Gedankenstütze" und zur Verwirklichung der "individuellen Kontrolle" die konzeptionelle Darstellung ergänzen (vgl. auch "ROMC" Abstraktionen bei SPR82, S.101ff). Der wesentliche Vorteil dieses Ansatzes ist, daß er weder individuelle Entscheidungsprozesse noch eine spezielle Anwendung prädestiniert. So bietet z. B. IDAMS Objekttypen auf einer benutzernahen Ebene an, wobei der Anwender die in Abb. 1.6 gezeigten Möglichkeiten zur Konzeptionalisierung seiner Problemstellung hat.

Abb. 1.6: Beziehungen zwischen Repräsentationen, Operatoren, Benutzerführung und Dialogmanagement bei IDAMS

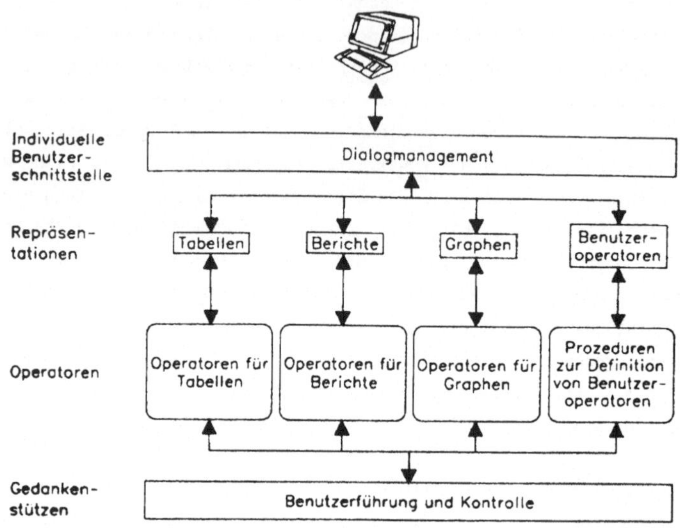

1) Repräsentationen

Jede Aktivität in einem Entscheidungsprozeß basiert auf einer Konzeptionalisierung der dabei verwendeten Informationen und Operationen. Dazu können Tabellen, Graphiken, Bilder oder Gleichungen verwendet werden. Die Repräsentationen sind der Kontext, innerhalb dessen der Anwender denkt, wenn er das EUS benutzt. Erst durch das Verständnis der gewählten Repräsentationen kann der Endbenutzer die Ergebnisse interpretieren, sinnvolle Eingaben machen oder die richtigen Operatoren anwenden. In Abb. 1.6 sind die von IDAMS verwendeten Repräsentationen dargestellt. Dabei wird davon ausgegangen, daß die Daten des Endbenutzers in Tabellen gespeichert sind, daß er die Daten durch vom System vorgesehene oder vom Benutzer definierte Operatoren bearbeitet und die Ergebnisse in geeigneten Darstellungen aufbereiten möchte. Dazu stehen Berichte und eine Anzahl verschiedener graphischer Möglichkeiten zur Verfügung.

2) Operatoren
Man kann zwischen zwei Arten von Operatoren unterscheiden. Zum einen solchen, die sich in den Entscheidungsphasen wiederfinden. Diese Operatoren umfassen vor allem die Auswahl der Repräsentationen zur Spezifikation des Problems und zur Ergebnisaufbereitung. Zum anderen muß ein EUS Operatoren besitzen, die sich auf die verfügbaren Repräsentationstypen beziehen. So besitzt z. B. IDAMS eine vollständige Datenbanksprache, Möglichkeiten zur Verkettung von Benutzeroperatoren, Prädikate zur Problemspezifizierung und Operatoren zur Aufbereitung von Berichten und graphischen Darstellungen.

3) Benutzerführung und -kontrolle
Die Benutzerführung übernimmt zwei Aufgaben. Einerseits steht sie dem Endbenutzer als "Gedankenstütze" zur Verfügung, andererseits garantiert sie, daß die Operatoren korrekt eingesetzt werden. Dies wird durch eine Konsistenzkontrolle erreicht, die immer durchgeführt wird, wenn ein Operator auf einen Objekttyp angewendet wird. Bezüglich der Erinnerungshilfe haben sowohl BRUNNSTEIN (vgl. BRU73) als auch ERBE (ERB80, S.275ff) vorgeschlagen, die Beschreibungsinformationen in Form eines Informationsnetzwerkes zu organisieren. In den Knoten werden die Unterstützungsinformationen über Anwendungen oder Teilgebiete der Anwendung abgelegt, die Kanten führen von allgemeinen zu immer spezielleren Informationen. Dabei wird die allgemeine Information in immer detailliertere Aktivitäten aufgeteilt. Diese Verfeinerung wird solange fortgesetzt bis Elementaraktivitäten erreicht sind.

4) Individuelle Benutzerschnittstelle
Die Benutzerschnittstelle prägt das Erscheinungsbild des EUS. Ihre Anpassung an die individuellen Wünsche des Endbenutzers bildet oft die Grundvoraussetzung für die Akzeptanz des Systems. Das Dialogmana-

gement eines EUS ist diejenige Komponente, die die einheitliche Verwendung von Repräsentationen, Operatoren und Benutzerführung durch den Anwender ermöglicht und steuert. Dabei muß das Dialogmanagement flexibel genug sein, um sowohl die Struktur einer Anwendung als auch den Lerneffekt eines Benutzers zu reflektieren. So können von Anwendung zu Anwendung unterschiedliche Dialoge notwendig sein, und innerhalb einer Anwendung kann sich die Struktur des Dialogs durch die Erfahrungen des Benutzers im Laufe der Zeit ändern.

1.2.3 Adaptive Entwicklung von EUS

Um die geforderte Anpaßbarkeit von EUS an die verschiedenartigen Benutzerbedürfnisse realisieren zu können, muß zwischen verschiedenen Ebenen der Adaption eines EUS an die Anwendung und den Benutzer unterschieden werden. Auf der ersten Adaptionsebene besitzt der Benutzer die Möglichkeit, sein Problem in einer flexiblen und individuellen Weise zu formulieren. Auf der zweiten Adaptionsebene sollten Einrichtungen vorhanden sein, um den Anwendungsbereich eines EUS modifizieren zu können. Die Anpassung auf der dritten Adaptionsebene bedeutet eine Veränderung des Basissystems, d. h., es werden zusätzliche Funktionen bereitgestellt, neue Komponenten integriert oder fortschrittlichere Technologien verwendet.

Die Adaption sowohl des anwendungsspeziellen als auch des anwendungsneutralen Systems an veränderte Anforderungen erfordert den regelmäßigen Dialog zwischen den mittel- und unmittelbaren Systembenutzern, sowie das Befolgen einer iterativen Entwicklungsstrategie (vgl. COU80, S.19ff, SPR82, S.15f).

1.2.3.1 Kommunikationsbeziehungen der Benutzer

In der Abb. 1.7 sind die Beziehungen zwischen allen Beteiligten eines EUS dargestellt. Jeder Pfeil repräsentiert dabei eine Kommunikationsbeziehung. So symbolisiert die Beziehung BENUTZER --> SYSTEM die benutzerbezogene Form der Systemverwendung, während SYSTEM --> BENUTZER eine gewünschte Rückkopplung anzeigt, d. h., das System stimuliert die Erkundung neuer Lösungsstrategien.

Abb. 1.7: Kommunikationsbeziehungen in EUS

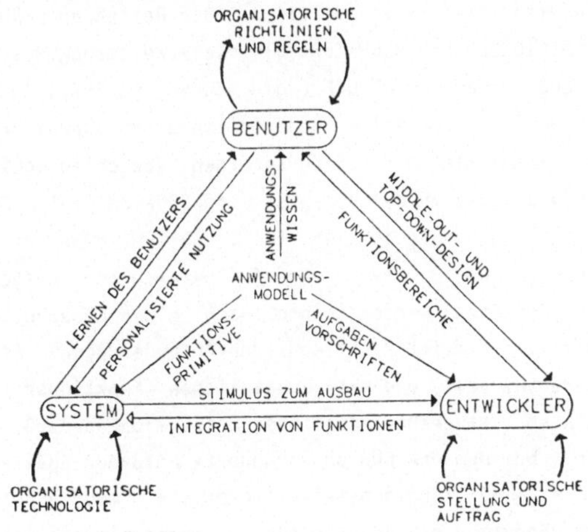

Die Kommunikationsbeziehungen (vgl. auch KEN80, S.11ff) helfen bei der Abgrenzung von entscheidungsunterstützenden zu anderen interaktiven Informationssystemen. So ist z. B. ein Platzbuchungssystem in vielen seiner Anwendungen einem entscheidungsunterstützenden System ähnlich, das ausschließlich zur Datenabfrage und Datenbankveränderung genutzt wird. Jedoch besitzen solche Systeme meist nur genau einen richtigen Weg zu ihrer Nutzung, und sie werden auch nicht erstellt, um beim Verwender neue Einsichten in die Struktur seines Aufgabengebietes zu initiieren. Ähnlich verhält es sich bei interaktiven Planungssystemen, die dazu benutzt werden, eine vorbestimmte Menge von Alternativen zu bewerten und Lösungen zu erarbeiten. Beide Male ist die Kommunikation vom System getrieben, und sie benötigt vom Anwender nur die Versorgung mit Daten. Die systemgetriebene Dialogform ist jedoch nur dann ausreichend, wenn entweder eine feste Menge von Prozeduren abgerufen oder der Problembereich des Systems auf wenige Aufgaben beschränkt ist. Keine dieser Voraussetzungen ist bei EUS gegeben.

Die Funktion ENTWICKLER in Abb. 1.7 ist mit der Tätigkeitsbeschreibung des Anwendungsadministrators identisch. Die Beziehung BENUTZER --> ENTWICKLER und ENTWICKLER --> BENUTZER soll die Erweiterung des Problembereichs eines EUS fördern. ACKOFF (vgl. ACK60, S.259ff) hat darauf hingewiesen, daß der Benutzer seine Bedürfnisse nicht formulieren könne und folglich vom Entwickler mit einem fertigen Vorschlag konfrontiert werden müsse. Diese These wurde von WESS und COURBON (vgl. COU80) in ihren Studien bestätigt. Sie stellen fest, daß EUS dann erfolgreich waren, wenn in sehr kurzer Zeit ein Teilbereich der Aufgaben des Entscheidenden unterstützt werden konnte. Nach einer Einarbeitungszeit genügt jedoch das System meist nicht mehr den Anforderungen. Es muß neu bewertet, weiterentwickelt und mit zusätzlichen Funktionen versehen werden. Sie schlagen dazu einen iterativen Entwicklungsprozeß mit sehr kurzen Zyklen vor, bei dem das EUS an veränderte Anforderungen adaptiert werden kann. In einer Vorgehensweise, die sie "middle-out-design" nennen, soll dem Benutzer ein Ausgangssystem vorgeschlagen werden, das nach und nach bei wachsendem, gegenseitigem Problemverständnis ausgebaut werden kann. Dabei kommt dem Entwickler eine äußerst komplexe Rolle zu. Zum einen muß er genügend technische und fachliche Kompetenz besitzen, zum anderen auch evtl. auftretende Widerstände bei der Akzeptanz überwinden. Der Entwickler muß sich dabei mehr als Dienstleistender und Berater statt als Anbieter eines fertigen Produkts verstehen.

Die Doppelbeziehung ENTWICKLER <----> SYSTEM ist am wenigsten erforscht, da sie vor allem technologischen Fortschritt in das Basissystem einbringt. Unter dem Begriff SYSTEM wird hier sowohl das Basissystem als auch die sonstige in der Organisation verfügbare Technologie verstanden.

Voraussetzung einer adaptiven Entwicklung und Nutzung ist jedoch eine modulare Systemarchitektur und die strikte Trennung in anwendungsneutrale Basissysteme und anwendungsspezielle EUS, da Benutzerstudien zeigen, daß dauerhafte Erfolge eines EUS fast niemals in der Anfangsphase, sondern erst nach wiederholten Modifikationen erreicht werden.

Die in Abb. 1.7 angedeuteten Kommunikationsbeziehungen limitieren und definieren die Einordnung und Funktion eines EUS innerhalb einer Organisation. Die Dauer der einzelnen iterativen Entwicklungszyklen hängt auch von nicht-technischen Faktoren ab. So kann der Erfolg eines Systems, u. a. von den Vorarbeiten zur Rechtfertigung von neuen Projekten, der Anschaffung zusätzlicher Technologien oder der Aufgeschlossenheit von Vorgesetzten abhängig sein.

1.2.3.2 Iterative Entwicklungsschritte

Der Entwurf eines EUS ist ein iterativer Prozeß, der in die Phasen "Spezifikation", "Modellierung", "Implementierung" und "Bewertung" unterteilt werden kann (vgl. TE080, S.357ff). Die Vorgehensweise erfordert eine der jeweiligen Phase des Erstellungsprozesses angepaßte Beschreibung der Objekte einer Anwendung. Dies wird auch als Abstrahierung bezeichnet. Darunter wird in diesem Zusammenhang eine Technik verstanden, Wissen im Hinblick auf seine Verwendung zu beschreiben. Der Abstraktionsprozeß überführt dabei eine anwendungsnahe Spezifikation einer höheren Ebene in eine rechnergerechte Form auf einer niedrigeren Ebene. Ausgehend von einer Systemanalyse erhält man schließlich ein

Programmsystem, das die gewünschten Anforderungen der Benutzer erfüllt. Abstraktion bei Endbenutzersystemen bedeutet vor allem die Befreiung von Darstellungsabhängigkeiten bei der Spezifikation, die dadurch entstehen, daß ein Rechner oder ein bestimmtes Programmsystem als Werkzeug zur Problemlösung verwendet wird.

Die Spezifikationsphase umfaßt die Sammlung von Anforderungen, Daten und Aufgaben für das EUS. Diese Informationen sind meist nicht in formaler, d. h. in modellierungsgeeigneter Form vorhanden, sondern müssen erst erhoben werden, wozu Fragebogen, Flußdiagramme oder halbformale Beschreibungstechniken verwendet werden. Insgesamt fließen drei Informationsgruppen in die Formulierung der Spezifikationen ein (vgl. LUM79, S.26ff):

1) Organisationsregeln
   Darunter versteht man all jene Entscheidungen, welche den Aufbau und den Ablauf von Organisationen beeinflussen. Eine typische Organisationsregel wäre die Forderung, daß bei der Genehmigung eines Budgets ein bestimmter Weg eingehalten werden muß. Organisationsregeln werden in EUS durch die Formulierung von Konsistenzregeln berücksichtigt.

2) Anforderungen an Daten
   Hierunter versteht man die Identifizierung der Datengruppen sowie deren Beziehungen untereinander und die Auswirkungen auf die Daten anderer Anwendungen innerhalb einer Organisation.

3) Anforderungen an die Verarbeitung
   Verarbeitungsanforderungen beschreiben die Verfahren und die Benutzeroperatoren, die für die Anwendung notwendig sind.

Die Modellierung beschäftigt sich mit der Umsetzung informaler Spezifikationsanforderungen in formale Modelle. Man bezeichnet diesen Vorgang auch als die Erstellung der konzeptionellen Sicht einer oder mehrerer Anwendungen. Hierzu wurden von der Datenbankforschung Datenmodelle (s. Übersichten bei BLA76,SCL77,MUE78,WED81,ZEH81) vorgeschlagen. Für EUS sind Datenmodelle zwar eine wesentliche Voraussetzung, jedoch in ihren Darstellungsmöglichkeiten nicht ausreichend, da man neben der Struktur auch den Ablauf von Vorgängen erfassen möchte. Neben die Modellierung der Datenstrukturen tritt eine Modellierung der Verarbeitungsalgorithmen.

Das so erhaltene abstrakte Anwendungsmodell muß schließlich konkret auf einem Rechner mit Hilfe eines dafür geeigneten Basissystems realisiert werden. Diesen Vorgang bezeichnet man als Implementierung. Die Erstellung eines EUS ist jedoch nicht mit der Programmierung in einer der bekannten höheren Programmiersprachen zu vergleichen, sondern ist vorrangig die Abbildung des Anwendungsmodelles mit Hilfe der Modellsprache des Basissystems. Diese Formalisierung ist umso "einfacher", je direkter die Modellierungssprache dem konzeptionellen Modell entspricht.

In der Abb. 1.8 stehen auf der linken Seite die "Inputs" und auf der rechten Seite die "Outputs" für den Modellentwurf. Unter den "detaillierten Informationsanforderungen" werden Angaben über die Daten, deren Volumen und Gewichtung, wie z. B. die Verarbeitungshäufigkeiten der in den "allgemeinen Informationsanforderungen" festgestellten Anwendungen, verstanden. Ferner müssen hier die zu verwendenden oder zu erstellenden Programme beschrieben werden.

Abb. 1.8: Abgrenzung der Anwendungsmodellierung

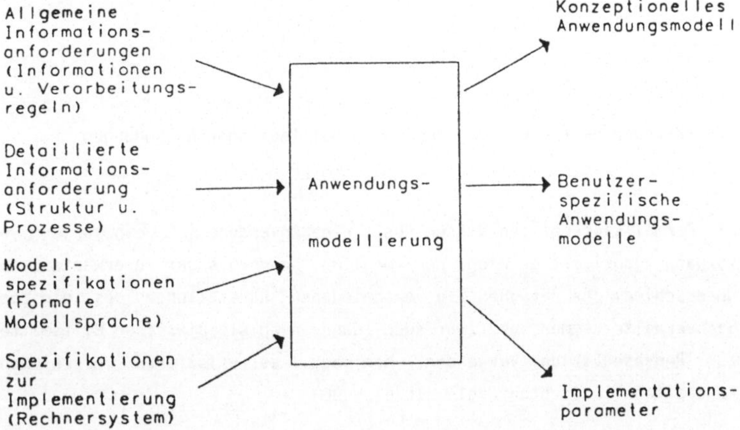

Die Anwendungsmodellierung erfolgt bei gegenwärtigen Systemen fast ausschließlich mit einer höheren Programmiersprache. Nachfolgend sollen jedoch formale Mittel vorgestellt werden, die es erlauben, Anwendungsmodelle mit benutzernahen Konzepten zu entwickeln, die unabhängig von speziellen Darstellungen auf einem Rechner oder in einer Programmiersprache sind. Solche repräsentationsunabhängigen Mittel unterstützen eine iterative Entwicklung von EUS. Dabei können folgende Phasen unterschieden werden, die in kurzen Zyklen wiederholt werden:

1) Identifikation eines Anwendungsbereichs
   In der Anfangsphase sollte ein Teilproblem zwischen Entwickler und Anwender festgelegt werden, das für den Endbenutzer von hohem Interesse ist.

2) Implementierung des Teilbereichs der Anwendung
   Diese Phase unterscheidet sich von der Erstellung eines Prototypes insofern, als das Ergebnis ein unmittelbar nutzbares EUS darstellt.

3) Verbesserung, Erweiterung, Modifikation
   Das EUS durchläuft kurze Entwicklungszyklen, die jeweils die Phasen Spezifikation, Modellierung, Implementierung und Bewertung umfassen.

4) Beobachtung
   Das Verhalten des EUS wird sowohl hinsichtlich der Akzeptanz durch den Benutzer als auch der Funktionen des Basissystems überprüft. Die Beobachtung ist ein Kontrollmechanismus, um das EUS einem ständigen Verbesserungsprozeß zu unterziehen. EUS sind im Gegensatz zu ihren Basissystemen oft von kurzer Lebensdauer.

1.3 Besonderheiten bei der Abbildung betrieblicher Anwendungen

Die Formalisierung von Wissen über eine Anwendung ist ein subjektiver Vorgang. Dabei ist es nicht nur möglich, sondern sogar zu erwarten, daß unterschiedliche Personen zu verschiedenen Darstellungen des gleichen Sachverhalts kommen, und zwar auch dann, wenn sie dieselben Hilfsmittel zur Repräsentation verwenden. Man sagt, es existieren verschiedene konzeptionelle Sichten (vgl. BIL76, S.30).

Alle nachfolgenden Beispiele sind aus dem betrieblichen Rechnungswesen gewählt. Sie dienen zum einen zur Veranschaulichung der vorzuschlagenden Modellierungskonzepte und sollen zum anderen eine gemeinsame konzeptionelle Sicht schaffen, d. h. Übereinstimmung darüber, welche Objekte zur Darstellung der Anwendung relevant sind, welche Eigenschaften diese Objekte besitzen und welche Beziehungen zwischen den Objekten bestehen.

Wir betrachten ein fiktives Mehrproduktunternehmen. Das Unternehmen ist hierarchisch in verschiedene Abteilungen gegliedert. In den Fertigungsabteilungen werden Halb- oder Fertigprodukte erstellt, die auf Roh-, Hilfs- oder Betriebsmaterialien angewiesen sind, welche zugeliefert werden. Das Fertigungsprogramm ist im Produktionsplan festgelegt, der Verbrauch an Rohstoffen und Halbfabrikaten für das Produktionsprogramm kann aus den Stücklisten erfahren werden. Der Fertigungsprozeß selbst wird in Abteilungen durchgeführt, die selbst wieder in verschiedene Arbeitsplätze unterteilt sind. Allerdings kann es vorkommen, daß ein Produkttyp in verschiedenen Abteilungen parallel gefertigt wird.

Basis für die Planung des Produktionsprogramms, des Absatzes und der Erfolgsermittlung seien die Kosten der Fertigung und des Vertriebs im Vergleich zu den Absatzerlösen. In diesem Beispiel soll nur die Kostenseite als Einflußfaktor für die Entscheidungsunterstützung modelliert werden, auch wenn später das Beispiel erweitert wird, um zu zeigen, wie zusätzliche Anwendungen, hier die Personaleinsatzplanung, integriert werden können. Zu dieser Anwendung sollen graduell Teile eines Anwendungsmodells für ein EUS entwickelt werden, das zur Kostenkontrolle, zur finanziellen Betriebsüberwachung, zur Kalkulation und zur Unternehmenssteuerung verwendet werden kann. Es soll am Beispiel des betrieblichen Rechnungswesens gezeigt werden, welche Besonderheiten für die Repräsentation betrieblicher Informationssysteme beachtet werden müssen, um eine benutzernahe Modellierung zu ermöglichen. Die dabei auftretenden Anforderungen seien teilweise nachfolgend anhand der Klassifikation von Kostenarten verdeutlicht.

Die Kostenrechnung ist ein Instrument zur Planung und Kontrolle. Dabei ist Planung im Sinne der Ermittlung der voraussichtlich anfallenden Kosten und Kontrolle im Sinne des Soll-Ist-Vergleichs zur Feststellung eventuellen Fehlverhaltens und als Basis einer Ursachenanalyse zu verstehen. Rasche Reaktion auf Fehlverhalten, Erkennen von Entwicklungen und das Experimentieren mit alternativen Lösungen machen gerade das betriebliche Rechnungswesen zu einer geeigneten Anwendung.

Kosten werden definiert als der erforderliche Verzehr von Gütern und Dienstleistungen zur Erstellung und zum Absatz der betrieblichen Leistungen, sowie zur Aufrechterhaltung der Betriebsbereitschaft. Der Kostenbegriff ist durch drei Merkmale gekennzeichnet (vgl. HAB76, S.68).

1) Es muß ein Güterverzehr vorliegen,
2) dieser Güterverzehr muß bewertet sein und
3) er muß sich ausschließlich auf die Betriebsleistung beziehen.

Zur Feststellung des Güterverzehrs muß das Rechnungswesen entstehende Kosten erfassen und in relevante Kategorien einteilen. Als Grobklassen unterscheidet der Kostenartenplan u. a. zwischen Werkstoff-, Personal-, Betriebsmittelkosten, Dienstleistungen, Steuern, Abgaben, Beiträgen und den kalkulatorischen Kosten.

Es handelt sich dabei um eine Gruppe ähnlicher Kategorien, die jedoch keine realen Prozesse repräsentieren, sondern die bereits ein Modell der betrieblichen Produktions- und Absatzvorgänge darstellen. Die Kategorien werden hierarchisch gebildet, indem man aus einer allgemeinen Größe durch fortwährendes Hinzufügen von Details immer speziellere Abbildungen der realen Vorgänge schafft.

Zur weiteren Veranschaulichung sollen für dieses Beispiel die Personalkosten näher analysiert werden. Es kann sich dabei entweder um Löhne, Gehälter, Sozialkosten oder andere Personalkosten, wie z. B. Erfindervergütungen handeln. Die Personalkosten sind also nur die Summe von feiner differenzierten Kategorien.

Die bisherige Spezialisierung kann weiter betrieben werden, wobei immer dasselbe Prinzip angewendet wird. So sind z. B. alle Löhne wiederum nur die Summe aus Akkord- und Zeitlöhnen, wobei z. B. Akkordlöhne entweder Stückakkord- oder Zeitakkordlöhne sein können.

Die Verfeinerung kann für jede Anwendung solange fortgesetzt werden, bis man ein korrektes und hinreichendes Abbild der kleinsten Einheit des Betriebsgeschehens erhält. Die Ausgangsdaten des Rechnungswesens sind selbst wieder Modelle der Realität.

Die schrittweise Verfeinerung, wie sie in diesem Beispiel für einen Teil des betrieblichen Rechnungswesens gezeigt wurde, bedeutet nicht, daß nur auf der untersten Ebene mit den Objekten gearbeitet wird. Die Verfeinerung ergibt sich aus der hierarchischen Organisationsstruktur und somit aus der notwendigen Arbeitsteilung. Die erhaltenen Objekte, z. B. Zeitlöhne, müssen auf der organisatorischen Ebene, für die sie erstellt wurden, auch verarbeitet werden können. Die Spezialisierung ist demnach in ihrem Detaillierungsgrad den Aufgaben, der Organisationsebene und dem Benutzer anzupassen. Die Objekte müssen darüberhinaus vom Benutzer verknüpft werden können. Um z. B. die Herstellkosten eines Produkts zu errechnen, müssen die Produktionszeiten, die Materialien, die Gemeinkosten der Abteilungen und die Personalkosten miteinander in Beziehung gesetzt werden.

Die Voraussetzung für die obige Klassifikation von Objekten ist bei allen Anwendungssystemen die Identifikation und Beschreibung dessen, was innerhalb des betrachteten Kontextes als Objekt verstanden werden soll. So werden z. B. Maschinen aus der Sicht eines Konstrukteurs anders definiert als dies einer sinnvollen Aufgabenstellung eines Organisators entspräche. Da für alle Abbildungen realer Anwendungen mit Hilfe eines Rechners diskrete Repräsentationsformen der Wirklichkeit gefunden werden müssen, entscheidet die jeweilige Anwendung über den Detaillierungsgrad und die relevanten Eigenschaften, die in das Anwendungsmodell eingehen. Die Diskussion der Konzepte zur Modellierung beliebiger Anwendungsbereiche ist Gegenstand des nachfolgenden Kapitels.

2. MODELLIERUNG DES ANWENDUNGSBEREICHS

EUS werden mit Hilfe von anwendungsneutralen Basissystemen entwickelt. Dabei besteht jedes EUS (vgl.WAS79b) für jeden beliebigen Anwendungsbereich gleichermaßen:

1) aus einer konsistenten Sammlung der für diese Anwendung notwendigen Daten;

2) aus einer Menge vordefinierter und auf die Anwendung abgestimmter Operatoren, die es entweder erlauben, die Datenbank zu manipulieren oder die Daten weiteren Analysen zu unterziehen;

3) aus einer Menge von Regeln, die die Konsistenz der Daten garantieren, und gewährleisten, daß die Benutzeroperatoren richtig eingesetzt werden;

4) aus einer Einrichtung, die es den Benutzern erlaubt, Problemstellungen in nicht vorhergeplanter Form mit dem EUS zu formulieren und die Ergebnisse in geeigneter Weise aufzubereiten.

Für das Verständnis der Entwicklung von EUS müssen die Unterschiede zwischen der Anwendungsmodellierung und der Repräsentation eines Modells durch eine formale Sprache verstanden und gedanklich getrennt werden in:

1) Das Anwendungsmodell
ist eine Sammlung geeigneter konsistenter Konzepte zur abstrakten Beschreibung einer Anwendung für ein EUS.

2) Die Modelldefinitionssprache
liefert eine Notation oder Syntax zur Formalisierung der Modellkonzepte. Sie enthält Sprachkonstrukte, um die Modellkonzepte und deren Semantik im Hinblick auf die Repräsentation durch ein Basissystem zu formalisieren.

3) Das Basissystem

ist ein Programmsystem, das Schnittstellen vorsieht, die jenen funktionalen Umfang haben, wie er von der Modelldefinitionssprache gefordert wird. Die Schnittstellen sollten so gestaltet sein, daß der Benutzer jede Anwendung direkt abbilden kann, d. h., daß jedes Objekt in der Realität durch ein entsprechendes Objekt des Basissystems repräsentiert werden kann.

Unter der Modellierung des Anwendungsbereichs wird die Abbildung der realen Welt in ein formales Modell mit Hilfe einer Modelldefinitionssprache verstanden. Darunter ist ein zweckorientiertes Vorgehen zu verstehen. Die abstrakten oder konkreten Phänomene eines beliebigen Ausschnitts der Realität werden als Objekte bezeichnet. Objekte in einem EUS können dabei Daten oder Programme sein, während in einem Basissystem nur die Strukturen zur Definition von Daten und Programmen als Objekte oder Typen bezeichnet werden. Wenn nachfolgend nichts anderes gesagt wird, soll unter dem Begriff "Objekt" die Struktur und nicht eine konkrete Ausprägung verstanden werden. Die formale Darstellung der Zusammenhänge von Datenstrukturen bezeichnet man als Datenmodellierung, während die Abbildung von Funktionen Operatormodellierung genannt werden soll. Darunter ist nicht das Schreiben der Funktion an sich, sondern die Modellierung des Aufrufs und die Behandlung der Funktionsergebnisse zu verstehen. Zusammengenommen ergeben die Daten- und Operatormodellierung ein Abbild des Anwendungsbereichs, d. h. das Anwendungsmodell.

Das Erstellen von Anwendungsmodellen unterscheidet sich von den Vorgehensweisen beim Programmentwurf. Während es das Ziel von Programmiermethoden ist, am Ende des Entwurfsprozesses eine Systemdefinition zu haben, verlangt die Anwendungsmodellierung für EUS eine Vorgehensweise, welche nutzbare Systeme in jeder Phase des Entwurfs liefert. Die Betonung liegt auf einem anwendungs- und ebenenbezogenen Modell, nicht auf dem feinstmöglichen Detaillierungsgrad, der realisiert werden kann. So zerlegt z. B. die Methode zur schrittweisen Verfeinerung nach WIRTH (vgl. WIR71) eine gegebene Aufgabe in überschaubare Teilaufgaben, die aber erst in ihrer letzten Verfeinerungsstufe programmiert werden.

Es existieren z. Zt. verschiedene, voneinander unabhängige formale Modellkonzepte, um Wissen zu beschreiben. Die für die Entwicklung von EUS relevanten Konzeptionen finden sich bei den Vorschlägen zur Datenmodellierung, wie sie bei Datenbanksystemen (DBS) vorhanden sind (vgl. DAT81,MUE78), bei der ebenenbezogenen Darstellung von Wissen in semantischen Netzen (vgl.MYL80,MYL80b), um neben der Repräsentation von Objekten die hierarchische Struktur von Organisationen zu modellieren, und bei der Modellierung von Benutzeroperatoren (vgl. BAL80,WAS79b), um dem Anwender die Benutzung problemgerechter Methoden zu ermöglichen. Benutzerschnittstellen von EUS verlangen eine Integration dieser formalen Modellkonzepte zu einem einheitlichen Erscheinungsbild.

Ein seit langem unverändertes Ziel der Datenbankforschung ist es, einen bestimmten Umweltausschnitt, die sog. Miniwelt (WED81), so zu spezifizieren, daß die spätere Repräsentation durch ein Datenbanksystem für den Anwender wenig konzeptionellen Aufwand bedeutet. Aus diesem Grund sind eine Vielzahl von Datenmodellen entwickelt worden, wovon hier die drei wesentlichen Vertreter hinsichtlich ihrer Modellkonzepte diskutiert werden sollen.

Das Information Management System (IMS) der Fa. IBM (s. hierzu IBM80,IBM81) besitzt einen weiten Verbreitungsgrad und kann als typischer Vertreter der hierarchischen Datenmodelle gesehen werden. Die DBTG (DBTG = Data Base Task Group (CDA78)) schlägt als Modellkonzept die Darstellung der Anwendung durch einen gerichteten Graphen, d.h. ein Netzwerk, vor. Das DBTG-Modell dient vielen Herstellern als Grundlage zur Entwicklung kommerzieller Datenbanksysteme (s. Aufstellung bei HAN81, S.304).

Das Gemeinsame beider DBS ist es, daß sie für den potentiellen Anwender nur eine prozedurale Form der Rechnerbenutzung vorsehen. Für den hier skizzierten Endbenutzer ist hingegen eine deskriptive Problembeschreibung (vgl. WEL81) notwendig. Der Anwender soll neben dem "Was" nicht auch beschreiben müssen "Wie" seine Problemstellung mit Hilfe eines Rechners gelöst werden kann. Basierend auf dem Vorschlag CODDS (COD70) wurde im IBM Forschungslabor San Jose das "System R" (BLA79,CHA76b) als Vertreter relationaler DBS entwickelt, welches dem Benutzer gestattet, die gewünschten Informationen durch eine Beschreibung der Eigenschaften der Daten abzufragen. Da dieses System zum einen jetzt unter dem Namen SQL/DS (SQL/DS = Structured Query Language/Data System (IBM81b)) einem breiten Anwenderkreis verfügbar, und zum anderen als System R in der Literatur weithin bekannt ist, dient es hier als drittes DBS, um Unterschiede in der Anwendungsmodellierung zu diskutieren. Hierarchische, Netzwerk- und relationale Datenmodelle werden nachfolgend als traditionell bezeichnet, um sie von den semantischen Datenmodellen (s. hierzu COD79,MCL81) und den komplexeren Modellierungskonzepten zu unterscheiden.

Datenbanksysteme, wie sie heute definiert werden, modellieren nur die Struktur einer Anwendung, d. h. die Daten und die Datenbeziehungen, lassen jedoch die Definition von Benutzeroperatoren nicht zu (s. aber auch BUN81,WAS79). Das am Wissenschaftlichen Zentrum der IBM in Heidelberg entwickelte System IDAMS (BLA82) stellt eine Erweiterung des relationalen Datenmodells insofern dar, als es gestattet, in syntaktisch einheitlicher Form sowohl Daten als auch Benutzeroperatoren zu beschreiben und zu verwenden. Hinzu kommen höhere Datenstrukturen, die sich für Datenanalyseaufgaben besonders eignen.

Semantische Netze (s. MYL80b) wurden vorgeschlagen, um Wissen zu repräsentieren und zu organisieren. Dabei versteht man unter einem einfachen semantischen Netz einen gerichteten Graphen, wobei die Knoten entweder Objekte oder Ereignisse symbolisieren. Ausgehend von einfachen Modellierungskonzepten können komplexe Vorkommnisse und Objekte abgebildet werden. Als besonders hilfreich für EUS sowie für deren Anpassung und Integration in hierarchische Organisationen erweisen sich die Verfeinerungsoperatoren, womit unter der Kontrolle des Systems ähnliche Objekte, jedoch mit unterschiedlichem Detaillierungsgrad zusammengefaßt werden können. So kommt es z. B. vor, daß innerhalb des betrieblichen Rechnungswesens auf einer organisatorischen Ebene zwischen "Zeitlöhnen" und "Stücklöhnen" unterschieden wird, während auf einer anderen Ebene nur "Gehälter" von Bedeutung sind. Die Gehälter sind jedoch aus der Sicht des Basissystems die Summe aller Stück- und Zeitlöhne.

Die Modellierungskonzepte für den Entwurf von EUS sollten folgenden Bedingungen gehorchen:

1) Operationen und Objekte müssen für verschiedene Organisationsebenen definierbar sein. So sollen z. B. Datenbankoperationen auf einer Hierarchie von Objekten stattfinden, anstatt auf einzelnen, voneinander unabhängigen Objekten.

2) Die Modelldefinitionssprache muß in einheitlicher Form Konstrukte anbieten, mit denen Daten, Programme und Ausnahmesituationen beschrieben werden können.

3) Jedes Objekt des Anwendungsmodells muß mit seiner Semantik und seinem Verhältnis zu anderen Objekten repräsentationsunabhängig beschrieben werden können. Dazu müssen EUS in verschiedene Abstraktionsebenen eingeteilt werden.

Die erste Anforderung leitet sich aus dem Einsatzbereich von EUS ab, während das zweite Prinzip vom Aufgabenumfang und das dritte durch die zu fordernde Benutzerfreundlichkeit und die Erweiterbarkeit der Anwendung bestimmt ist.

2.1 Abstraktionsebenen von EUS

Die Nutzung von Daten und Programmen durch viele, voneinander unabhängige Anwender macht das Nebeneinander von zentraler Überwachung und dezentralem Einsatz von EUS notwendig. Der im Jahre 1975 erschienene Bericht der ANSI/X3/SPARC-Gruppe (JAR76) bildet ein Rahmenwerk, das die Schnittstellen für Datenbanksysteme zu den verschiedenen Benutzerklassen beschreibt. Der ANSI/SPARC-Vorschlag unterscheidet zwischen externer, konzeptioneller und interner Ebene, die hier als Abstraktionsebenen auf EUS übertragen werden.

Das konzeptionelle Schema (konzeptionelle Ebene, konzeptionelle Sicht) beschreibt an zentraler Stelle die Objekte und die interessierenden Beziehungen im gesamten Anwendungsbereich, für den das Basissystem eingesetzt wird. Im internen Schema (interne Ebene, interne Sicht) werden die Techniken festgelegt, die zur Implementierung des Anwendungsmodells dienen, während das externe Schema (externe Sicht, externe Ebene, Subschema) die Objekte beschreibt, die auf einen individuellen Benutzer oder einen speziellen Anwendungsbereich bezogen sind.

Abb. 2.1: Abstraktionsebenen von Endbenutzersystemen

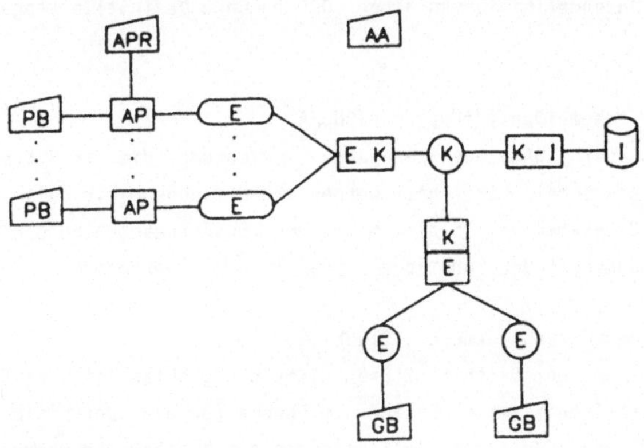

Legende:

AA: Anwendungsadministrator
AP: Anwendungsprogramm
APR: Anwendungsprogrammierer
E: Externe Ebene
GB: Gelegentlicher Benutzer
I: Interne Ebene
K: Konzeptionelle Ebene
PB: Parametrischer Benutzer

In der Abb. 2.1 (BLA76b, S.230) sind die Ebenen eines EUS gezeigt. Durch diese stufenweise Abbildung kann zwischen der Modellierung, der Darstellung und der Kontrolle des Modells unterschieden werden, d. h., man abstrahiert die Realisierung auf Konzepte, die jeweils der Ebene angepaßt sind. Die konzeptionelle Ebene ist in Abb. 2.1 durch den Buchstaben 'K' symbolisiert. Sie wird allerdings selten von einem Anwender direkt benutzt und dient zur Integration aller externen Sichten. Diese sind durch den Buchstaben 'E' symbolisiert.

2.1.1 Konzeptionelle Ebene

Nachfolgend sind die Aufgaben eines Schemas für EUS klassifiziert und das formale Aussehen konzeptioneller Sichten anhand der oben genannten Modelldefinitionssprachen verdeutlicht. Diese werden bei Datenmodellen üblicherweise Datendefinitionssprachen (DDL = Data Definition Language) genannt.

1) Befehle zur Schemaidentifikation (SCHEMA)
   IMS, SQL/DS oder IDAMS besitzen keine Einrichtung, die im Sinne von ANSI/SPARC als Schema bezeichnet werden kann, sondern sie definieren Daten bzw. Programme durch eine Menge von Objektbeschreibungen, die in ihrer Gesamtheit die Funktionen eines Schemas übernehmen.

2) Definition der Datenstrukturen (STRUKTUR)
   Die Beschreibung der Datenstrukturen nimmt den größten Teil des Schemas ein, wobei meist eine Sektion im Schema für die Definition der Objekte und eine andere für die Festlegung der Beziehungen vorgesehen ist. Alle bestehenden Systeme enthalten im Schema in unterschiedlichem Ausmaße Angaben über die physische Organisation der Daten auf externen Speichermedien oder innerhalb des verwendeten Basissystems. Ein solcher Aufbau des Schemas führt dazu, daß bei Veränderungen Anpassungen auf mehreren Abstraktionsebenen vorgenommen werden müssen.

3) Definition der Methoden (FUNKTION)
Datenbanksysteme besitzen keine Einrichtungen zur Beschreibung von Methoden. Erst die semantischen Datenmodelle fordern neben einer statischen Struktur- eine ablauforientierte Modellierung (vgl. BRD81). Dabei wird jedoch vor allem an transaktionsorientierte Anwendungen mit vorherplanbaren Abläufen gedacht (vgl. STU82). Für EUS sind jedoch eher spontane und kurze, als vordefinierte und umfangreiche Aufgaben typisch (vgl. AND75), so daß sich die Modellierung von Funktionen auf die Bereitstellung einer Schnittstelle beschränken kann, welche die Definition und Manipulation von Funktionen - im weiteren Benutzeroperatoren genannt - kontrolliert.

4) Korrektheit (VALIDIERUNG)
Viele Modelle benutzen graphentheoretische Strukturen, um implizit auch die Konsistenzregeln zu definieren. Diese Vermengung der Konzepte führt häufig zu wenig überschaubaren und änderungsfeindlichen Schemata. Aus Gründen der Benutzerfreundlichkeit sollten die Strukturen zur Modelldefinition von der Sicherung der Korrektheit der Objektausprägungen getrennt werden.

5) Sicherung vor unbefugtem Zugriff (AUTORISIERUNG)
Meist wird der Schutz vor unbefugter Nutzung ausschließlich durch das externe Schema gewährleistet. Dies ist für ein EUS unbefriedigend, da vor allem zur Durchführung von Datenanalysen Zugriffe auf Grundgesamtheiten notwendig sind, z. B. auf die Gehaltsdaten, wobei die einzelnen Ausprägungen nicht sichtbar werden sollen.

6) Einbau von Verwaltungsprozeduren (ADMINISTRATION)
Durch Prozeduren wird erreicht, daß das Schema speziellen Erfordernissen angepaßt werden kann. Bei Datenbankprozeduren handelt es sich in der Regel um in einer beliebigen Programmiersprache und für beliebige Zwecke geschriebene Programme. Gewöhnlich werden sie für Konversionen, Zugriffskontrollen und Plausibilitätsprüfungen eingesetzt. EUS können diese Einrichtungen darüberhinaus zur Integration von Methoden nutzen.

Aus Anschaulichkeitsgründen wird nachfolgend der Aufbau des Schemas nach DBTG, IMS, SQL/DS und IDAMS vorgestellt. Die Notation erfolgt in der jeweiligen DDL und die Inhalte beschreiben einen Teil einer möglichen Organisationsstruktur des fiktiven Unternehmens aus dem Anwendungsbeispiel des ersten Kapitels.

1) Aufbau des DBTG-Schemas

DBTG Schemata stimmen unmittelbar mit der konzeptionellen Sicht von ANSI/SPARC überein. Der erste Teil ordnet dem Schema einen Namen zu und bestimmt die logischen Speicherbereiche. In der Abb. 2.2 ist ein DBTG-Schema verkürzt dargestellt und in der Deklaration (1) mit dem Namen ORGDB versehen worden. Durch zwei Datenbankprozeduren SCHEMA-SCHUTZ (2) und SCHEMA-DOKUMENT (3) soll das Schema zum einen vor fehlerhaften Eintragungen bewahrt, zum anderen sollen alle Veränderungen registriert werden. Die Anweisung (8) regelt die Einhaltung von Organisationsrichtlinien. In diesem Fall darf kein Gehalt den Betrag 10.000 übersteigen. Die Deklaration (5), die einen logischen Speicherbereich festlegt und mit dem Namen MITARB-BEREICH versieht, ist ein häufig angetroffener Verstoß gegen die oben aufgestellte Forderung zur strikten Trennung von Beschreibungen einer Anwendung und den Methoden zur Repräsentation eines Modells. Die beiden restlichen Sektionen des Schemas beschreiben die Objekte (6,7) und deren Beziehungen untereinander (9,10,11).

Abb. 2.2: DBTG-Schemaaufbau

```
================================================
(1)  SCHEMA NAME IS ORGDB;
(2)  CALL SCHEMA-SCHUTZ BEFORE ALTER;
(3)  CALL SCHEMA-DOKUMENT ON COPY BEFORE WRITE;
(4)  ACCESS CONTROL LOCK FOR DISPLAY IS DBA-RECHT;
 ......
(5)  AREA NAME MITARB-BEREICH;
 ......
(6)  RECORD NAME IS ABTEILUNG;
 ......
(7)  RECORD NAME IS MITARBEITER;
 ......
(8)  CHECK GEHALT GREATER THAN 10.000;
 ......
(9)  SET NAME IS BESCHÄFTIGT;
(10) OWNER IS ABTEILUNG;
(11) MEMBER IS MITARBEITER;
 ......
================================================
```

2) Aufbau des IMS-Schemas

IMS besitzt keine Einrichtung, die direkt mit einem Schema nach ANSI/SPARC vergleichbar wäre oder den dort geforderten Abstraktionsebenen zugeordnet werden kann. Funktional wird diese Aufgabe von vielen, teilweise unabhängigen Datenbankbeschreibungen (Data Base Description = DBD) übernommen (IBM81). Man unterscheidet dabei zwischen den physischen und logischen DBD. Die Ursache für diese Differenzierung ist in den unterschiedlichen Anforderungen bei der Darstellung der Daten für die Benutzer und für die Implementierung zu sehen. Aus den physischen werden die logischen DBD abgeleitet, die aber eher Benutzersichten als Bestandteile des konzeptionellen Schemas sind. In Abb. 2.3 sind zwei IMS-DBD verkürzt dargestellt. In den Anweisungen (1,5) werden die Datenbeschreibungen mit den Namen ABTEILUNGDB und APLATZDB gekennzeichnet. Ferner werden durch die Option ACCESS = HDAM die Speicherform und die Zugriffsmethode festgelegt. Die DATASET Anweisung (2) ist das Gegenstück zur AREA Anweisung bei DBTG-Datenbanken. Man erkennt aus der expliziten Benennung der DEVICE-Option, daß der Bestand des Schemas bereits durch den Wechsel von Speichermedien beeinträchtigt wird.

Abb. 2.3: IMS-Schemaaufbau

```
==========================================================
(1) DBD       NAME = APLATZDB, ACCESS = HDAM,
              RMNAME = SUCHE
(2) DATASET   DD = APLATZ, DEVICE = 3370
(3) SEGM      NAME = APLATZ, ....
 ......
(4) END APLATZDB
==========================================================
(5) DBD       NAME = ABTEILUNGDB, ACCESS = HDAM, ....
 ......
(6) SEGM      NAME = ABTEILUNG, ....
 ......
(7) END ABTEILUNGDB
==========================================================
```

3) Aufbau des IDAMS- bzw. SQL/DS-Schemas

IDAMS und SQL/DS sind beides Basissysteme zur Unterstützung des relationalen Datenmodells. Die Schemata beider Systeme können als die Beschreibung aller Objekte und Regeln gesehen werden, über die aus der Sicht der Anwendung Informationen gespeichert werden. Im einzelnen sind dies alle Tabellen (1), alle externen Sichten (2), die nicht strukturimmanenten Integritätsregeln (3), die Anweisungen für die Zugriffskontrollen (4) und - zusätzlich nur bei IDAMS - die Deklarationen von Benutzeroperatoren (5). In Abb. 2.4 ist dazu die Schnittstelle einer Funktion beschrieben, die das Gehalt eines Mitarbeiters ausrechnet. Der Benutzeroperator "GEHALT" ist durch die Eingabeparameter (PNR und ZEIT) und das Ergebnis der Funktion (->RESULTAT) bestimmt.

In Abb. 2.4 wurde mit Ausnahme von (5) die Notation von SQL/DS verwendet. Bei diesem Ansatz wird der Vorteil für die Erweiterbarkeit des Schemas ersichtlich. Veränderungen können nicht nur hinsichtlich ihrer Ebene lokalisiert werden, sondern bleiben auf das Objekt beschränkt, bei dem sie auftreten. Wenn sich z. B. die Beschreibung der Mitarbeitertabelle ändert, werden davon andere Tabellen nicht beeinflußt.

Abb. 2.4: Objekte eines IDAMS- bzw. SQL/DS-Schemas

```
(1) CREATE TABLE MITARBEITER (PNR,NAME, ... ,GEHALT,...);
 ....
(2) DEFINE VIEW BESCHÄFTIGT (MITARBEITER, ABTEILUNG);
 ....
(3) ASSERT A1 ON MITARBEITER : GEHALT < 10000;
 ....
(4) GRANT INSERT ON MITARBEITER TO MÜLLER;
 ....
(5) DEFINE FUNCTION GEHALT (PNR,ZEIT,->RESULTAT);
```

2.1.2 Benutzerebene

Der Wunsch, dieselben Objekte vielen unabhängigen Benutzern gleichzeitig zur Verfügung zu stellen, basiert auf der Notwendigkeit, Redundanzen zu vermeiden, um auf diese Weise Speicherplatz zu sparen und - als wichtigeren Grund - um einen ausreichenden Grad an Konsistenz und Koordination aller Anwendungen zu erhalten.

Die gemeinsame Verwendung derselben Objekte durch viele Benutzer hat zwei Arten von praktischen Konsequenzen: zum einen solche, die mit dem gemeinsamen Besitz zusammenhängen, und zum anderen solche, die die gleichzeitige Verwendung betreffen (WAG75).

1) Gemeinsamer Besitz von Objekten

   Der gemeinsame Besitz von Objekten kann am einfachsten dadurch erreicht werden, daß allen Benutzern die konzeptionelle Sicht zur

Verfügung steht. Diese Lösung ist jedoch aus Gründen des Datenschutzes und der Benutzerfreundlichkeit nicht wünschenswert. Zum einen hätten alle Benutzer zu jedem Objekt Zugriff, zum anderen wäre die an globalen Kriterien orientierte Darstellung des Schemas eventuell nicht mit den Anforderungen der einzelnen Verwender in Einklang zu bringen.

2) Gleichzeitige Verwendung von Objekten
Konflikte beim Benutzen eines EUS entstehen immer dann, wenn verschiedene Verwender zu derselben Zeit dasselbe Objekt verändern wollen. Solche Vorkommnisse sind nicht völlig zu verhindern. Sie können nur weniger wahrscheinlich gemacht werden, indem z. B. im vorhinein bestimmt wird, welche Personen welche Operationen ausführen dürfen. Zusätzlich muß das Basissystem Protokolle enthalten, die gewährleisten, daß das EUS auch dann in einem konsistenten Zustand bleibt, wenn zwei Benutzer dasselbe Objekt zur selben Zeit verändern wollen (vgl. hierzu ULL80, S.324ff).

Subschemata erleichtern die Anwendungsmodellierung, da es möglich wird, eine globale Sicht der Anwendung zu definieren und nach übergeordneten Gesichtspunkten zu optimieren, ohne dabei die Benutzer bei der Gestaltung ihrer individuellen Sichten wesentlich zu beeinflussen. Diese Erweiterung der Unabhängigkeit der Spezifikation von der Repräsentation setzt allerdings reichhaltige definitorische Mittel voraus, um beliebige Benutzersichten aus dem konzeptionellen Schema ableiten zu können. Im praktischen Fall sind folgende Abbildungsmöglichkeiten zwischen externer und konzeptioneller Sicht nützlich und im Sinne eines adaptiven EUS notwendig (vgl. WAG75, S.127):

1) Die Auswahl von Objekttypen
Durch die Benennung der gewünschten Objekte und Beziehungen, die im Schema enthalten sind, werden die Subschemata gebildet. Bei IDAMS wird dies durch einen menügetriebenen Definitionsdialog erreicht.

2) Änderung von Objekttypen
Um dem Benutzer die Verwendung von Bezeichnungen und Datenformaten zu ermöglichen, die in seinem Aufgabenbereich gebräuchlich sind, sollten Synonyme und individuelle Formen zur Datenpräsentation vorhanden sein. Die Objektdefinition selbst sollte durch Auslassen und Umordnen der im Schema definierten Attribute an die Anwendung angepaßt werden können. IDAMS und SQL/DS sehen dazu die Definition von VIEWS vor (vgl. CH75,BLA82, S. 35ff).

3) Beschreibung abgeleiteter Objekte und Beziehungen
Meist beschränken sich die Abbildungsregeln zwischen den Subschemata und dem Schema auf Konversionsroutinen, die einen Basisdatentyp in einen anderen umwandeln können. Oft ist es jedoch notwendig, daß die Benutzer darüber hinaus auch Objekte und Beziehungen definieren, die aus dem Schema abgeleitet werden können und in der gewünschten Form nicht verfügbar sind, z. B. wenn die Ergebnisse von Datenanalysen aufbewahrt werden sollen.

Die Bildung externer Sichten ist untrennbar mit dem Gedanken der Zugriffskontrolle gekoppelt. Der Schutz vor unberechtigtem Zugriff zu den Objekten eines EUS umfaßt die korrekte Identifikation von Benutzern, die Zuordnung von zulässigen Operationen, die Identifikation der zu schützenden Objekte und den Schutz vor physischem Verlust der Daten.

1) Benutzeridentifikation
Die häufigste Methode zur Identifikation der Benutzer ist die Nennung eines Paßwortes, das nur dem Basissystem und dem Benutzer bekannt ist. Daneben existiert weiterhin die Möglichkeit, Datenstationen zu bestimmen, die nur für spezielle Aufgaben zugelassen sind. So wäre es z. B. möglich, persönliche Daten nur von einer Station in einem besonders gesicherten Raum abzufragen.

2) Geschützte Objekttypen und zulässige Operationen
Prinzipiell müssen alle Objekte, die im Schema beschreibbar sind, auch geschützt werden können. Dies geschieht bei allen Systemen

dadurch, daß die Nichtbenennung im Subschema sie von der Verwendung ausschließt.

Wenn aber erwünscht ist, daß im Prinzip alle Benutzer Zugang zu allen Objekten besitzen und trotzdem Mißbrauch oder unwissentliche Zerstörung verhindert werden sollen, müssen den im Subschema beschriebenen Objekten Anweisungen beigeordnet werden, die regeln, welche Operationen im Rahmen dieser externen Sicht erlaubt sind. Um ferner die mißbräuchliche Verwendung des Schemas zur Definition zusätzlicher externer Schemata zu verhindern, werden diese Autorisierungsregeln auch für den Schutz von konzeptionellen und externen Sichten angewendet. Ein besonders ausgezeichnetes Recht ist die Fähigkeit, diese Rechte auf andere Benutzer zu übertragen. Alle Zugriffsrechte können erteilt (GRANT) oder entzogen (REVOKE) werden. So gewährt z. B. die nachfolgende SQL/DS Autorisierungsanweisung GRANT den Benutzern A, B und C das Recht, die Tabelle "ERLEDIGT" zu lesen und neue Tupel einzufügen.

```
GRANT SELECT, INSERT ON ERLEDIGT TO A, B, C;
```

Neben der Bestimmung der Zugriffsrechte im Schema wird in fortschrittlichen Systemen die Datenmanipulationssprache (DML = Data Manipulation Language) benutzt, um die inhaltliche Sicherung von Daten zu gewähren. SQL/DS und IDAMS verbinden dazu die Konzepte der externen Sicht (VIEW) und der Gewährung von Zugriffsrechten (vgl. hierzu CHA75). Ein VIEW ist in diesen Systemen das Ergebnis einer Aufgabenstellung an das EUS. In Abb. 2.4 ist ein VIEW definiert, wie er in IDAMS oder SQL/DS zu finden ist und der eine Tabelle beschreibt, die alle Mitarbeiter des Unternehmens den jeweiligen Abteilungen zuordnet.

2.2 Datenmodellierung

Konzepte zur Beschreibung von Strukturen in einem Anwendungsbereich sind vor allem durch die diversen Datenmodelle entwickelt worden. Das Netzwerkmodell (BAC73), das hierarchische Datenmodel (IBM81), das Relationenmodell (COD70) und die semantischen Datenmodelle (s. Überblick bei MCL81) sind Modellkonzepte zur Abbildung von realen Phänomenen. Die Bezeichnungen für diese verschiedenen Vorschläge beziehen sich dabei auf die Klassen von Datenstrukturen, die zur Abstrahierung und Darstellung der Realität verwendet werden. Unter Realität wird dabei der Gegenstandsbereich verstanden, über den Daten gesammelt werden sollen.

Datenmodelle bestehen aus einem Datenraum, der die verfügbaren Objekttypen und deren Beziehungen zueinander festlegt (SMI79), einer Datendefinitionssprache (DDL), um Beschränkungen für die Objekte des Datenraums zu beschreiben, einer Manipulationssprache, die es dem Anwender erlaubt, Objekte zu erzeugen, zu löschen oder zu verändern und einer Prädikatensprache, welche die Adressierung des Dateninhalts auf Grund semantischer Eigenschaften der Objekte gestattet. Prädikaten- und Manipulationssprache werden häufig um Kontrollelemente ergänzt. Man verwendet dann die Bezeichnung Datenmanipulationssprache (DML). Eine Datenbank kann als eine Repräsentation eines Datenmodells bezeichnet werden. Da Datenbanken zu jedem Zeitpunkt ein Abbild der Realität sein sollen, müssen die Veränderungen der Umwelt reflektiert werden. Man sagt, die Datenbank befindet sich im Zeitablauf in verschiedenen Zuständen, wobei jeder Zustand aus einer Menge von strukturierten Objekttypen besteht, die im Datenbanksystem durch eine Menge von Datenstrukturausprägungen repräsentiert werden (vgl. BIL76b). Da nicht jeder Zustand der Datenbank exemplarisch antizipiert werden kann, verwendet man zur Beschreibung der zulässigen Zustände einen axiomatischen Ansatz. Dazu werden Regeln formuliert, die in jedem Zustand des Datenmodells erfüllt sein müssen. Diese Regeln werden als Konsistenzbedingungen bezeichnet.

Nachfolgend werden die Modellierungsprimitive von Datenmodellen allgemein erläutert und anhand des eingangs gewählten Beispiels verdeutlicht. Dazu werden Teile der Organisationsstruktur des fiktiven Unternehmens modelliert und in der jeweiligen DDL-Notation formuliert, um zum einen die Differenzen zwischen Modellkonzepten und ihrer Notation und zum anderen die Konsequenzen der jeweiligen Notationen zu veranschaulichen.

2.2.1 Modellierungsprimitive

Die Unterstützung der Anwendungsmodellierung und deren Repräsentation mit Hilfe eines Rechnersystems verlangt, daß Objektstrukturen vorhanden sind, die der Benutzer kennt und die er zur Konzeptionalisierung seines Aufgabenbereichs verwendet. Allerdings muß das Anwendungsmodell mit Mitteln beschrieben werden, die abstrakter angelegt sind, als es durch das informale Auflisten von Politiken, Vorgehensweisen oder Verfahren einer speziellen Anwendung geschehen kann. Das Ziel ist es, Modellierungsprimitive in einem Basissystem anzubieten, mit deren Hilfe man alle Vorgänge in einer Organisation abbilden kann, so daß die Beschreibung von Dauer ist, auch wenn sich die Vorgänge inhaltlich ändern.

Unter dem Begriff "Primitive" wird, wie in der Mathematik, ein Element verstanden, das nicht aus einem anderen Element abgeleitet werden kann. Nachfolgend wird von solchen Modellierungselementen ausgegangen, die sinnvollerweise nicht weiter zerlegt werden sollten und die gleichzeitig die Bestandteile von komplexeren Modellierungskonzepten bilden.

2.2.1.1 Objekte und Klassen

Ein "Objekt" ist ein individuelles Exemplar von Elementen der realen oder der Vorstellungswelt hinsichtlich einer speziellen Anwendung (ZEH81, S.30f, VET81, S.76ff). Es besitzt eine eigene Existenz und kann von seiner Umgebung unterschieden werden. Ein Objekt in diesem Sinne kann sowohl real, z. B. ein Haus, eine Abteilung, eine Person, als auch abstrakt sein, z. B. eine Farbe, eine Fähigkeit oder eine Zeitspanne. Es kann aber auch erst durch die Verbindung zwischen zwei Objekten entstehen. Ein Beschäftigungsverhältnis zwischen einer Firma und einer Person führt z. B. zum Objekt "Angestellter". Das Modellierungsprimitiv "Objekt" erlaubt, die Aussagewelt zu diskretisieren. Dabei muß für jeden Einzelfall festgelegt werden, wie fein diese Einteilung werden soll und welche Aspekte eines Objekts von Interesse sind. Dies geschieht durch die Beschreibung des Objekts mit Hilfe von Merkmalen, z. B. sollen nur Personen mit roten Haaren erfaßt werden.

Eine "Klasse" besteht aus einer Menge von Objekten mit gemeinsamen Merkmalen oder Eigenschaften. So können z. B. alle Angestellten der Klasse MITARBEITER zugeordnet werden. Eine Klasse kann entweder durch ihre Extension oder Intension charakterisiert werden. Unter der Extension versteht man die Menge aller Objektausprägungen dieser Klasse, während man unter der Intension die Bezeichnung und alle Merkmale der Klasse versteht. Die Intension beschränkt die Extension einer Klasse und ist zur Modellierung von komplexen Zusammenhängen besser geeignet. Die Extension der Klasse MITARBEITER verändert sich immer dann, wenn Personen eingestellt werden oder die Firma verlassen, während in diesem Fall die Intension unverändert bleibt. Das Konzept einer Variablen bei einer Programmiersprache erfüllt die bisherigen Anforderungen. Die Begriffe Extension und Intension werden hier verwendet, um die Absicht zu verdeutlichen, daß es sich vorrangig um Konzepte zur Modellierung und nicht zur Programmierung handelt.

Nicht alle Klassen verhalten sich wie MITARBEITER. So kann z. B. die Klasse der ganzen Zahlen nicht verändert werden, weder hinsichtlich ihrer Extension noch hinsichtlich ihrer Intension. Solche Klassen bezeichnet man als konstante oder Grundklassen. Sie müssen vom Basissystem eines EUS angeboten werden, während variable Klassen vom Anwender hinsichtlich ihres Umfangs und ihrer Bedeutung definiert werden. Neue Klassen können entweder durch veränderte Intensionen oder durch logische Verknüpfungen aus bekannten Merkmalen erzeugt werden. Die Eigenschaft "Ehemann" ist z. B. eine Konjunktion der Eigenschaften "verheiratet sein" und "männlich".

Klassen und Objekte müssen in einem EUS formal dargestellt werden können. Dazu werden spezielle Objekttypen vorgeschlagen, die nachfolgend diskutiert werden (vgl. MYL78, S.12ff). Die Beschreibung der Intension von Klassen bedeutet eine Beschreibung von Objekten durch andere Objekte, wobei eine Klasse höherer Ordnung erzeugt wird. Die Extension einer Klasse wird durch einen speziellen, variablen Objekttyp beschränkt. Diesen Grundtyp bezeichnet man auch als "Domäne" (vgl. COD70). Hierunter versteht man die Menge aller verfügbaren oder zulässigen Objektausprägungen für eine Klasse. Eine Domäne wird entweder durch eine Liste aller Objekte oder durch die Merkmale der qualifizierenden Objekte definiert.

Für unser Beispiel seien in Abb. 2.5 einige ausgewählte Klassen und Objekte aufgeführt.

Die Bildung von Klassen ist, wie schon die Festlegung von Objekten, nicht formalisierbar und in ihrer konzeptionellen Beurteilung dem Zweck der Anwendung unterworfen. Die Klassenidentifikation ist dabei immer unabhängig von der Repräsentation. Allerdings müssen für die Erstellung von Anwendungsmodellen die festgelegten Klassen durch die im Basissystem verfügbaren Objekttypen darstellbar sein.

Abb. 2.5: Objekte und Klassen

KLASSEN	INTENSION	OBJEKTE
ANR	Abteilungsnummer	< 4711;4712;6480 >
ANAME	Abteilungsname	< Rechenzentrum; Programmierung; Verwaltung >
PNR	Personalnummer	< 09;17;24;36;38;99 >
NAME	Familienname	< Mayer;Müller;Schulz >
APLATZ	Arbeitsplatz	< 49AD3; 59CD4; 83F17 >
LGRUPPE	Lohngruppe	< LG1; ZEITL; AKKORDL >
FHKTCODE	Fähigkeitencode	< FZG403;GHD3;HJK308 >
BEZ	Bezeichnung	< Programmieren; Testen; Datenbankdesign>

2.2.1.2 Eigenschaften von Objekten und Klassen

Eine "Eigenschaft" ist eine mit einem Namen versehene Charakterisierung von Objekten und dient zur Identifikation von Klassen und Objekten. Sie ermöglicht es, Beziehungen zwischen Objekten und zwischen Klassen darzustellen, und damit Objekte und Klassen höherer Ordnung zu bilden.

Eine Eigenschaft besteht immer aus einem Subjekt, einem Eigenschaftsnamen und einem Wert (vgl. MYL80c, S.188f). So kann z. B. eine Person durch Name, Adresse und Lohngruppe charakterisiert werden. Die PERSON, z. B. "Mayer", wäre dann das Subjekt; Name, Adresse und Lohngruppe die Eigenschaftsnamen bzw. die Attribute; die Eigenschaftswerte wären dann jeweils Ausprägungen aus den Klassen NAME, ADRESSE bzw. LGRUPPE. Eigenschaften können sich entweder auf ein Objekt oder eine Klasse beziehen. Wenn Eigenschaften eines Objekts angesprochen sind, spricht man von faktischen, bei Klassen hingegen von definitorischen Eigenschaften (MYL80c). Der Wert einer definitorischen Eigenschaft ist ein Klassenname, während der Wert einer faktischen Eigenschaft eine Objektausprägung darstellt. Diese Unterscheidung ist hilfreich, um Auskunftssysteme zu erstellen. Wenn man z. B. nach bestimmten Klassen und deren Merkmalen fragt, werden die Werte definitorischer Eigenschaften gesucht. Faktische Eigenschaften liefern Aussagen über die Struktur einer Objektausprägung, während definitorische Eigenschaften Auskünfte über die Struktur der Anwendung zulassen.

Welche Objekte oder Klassen nun Eigenschaften sind und welche als eigenständige Klassen behandelt werden, kann nicht allgemein geregelt werden und ergibt sich jeweils aus der Anwendung. Einige Modellierungskonzeptionen schlagen vor, völlig auf diese Unterscheidung zu verzichten und dafür generell von Beziehungen zwischen Objekten zu sprechen (vgl. BIL76,CHE76,KEN77).

Eine Beziehung verbindet mehrere Objekte. Je nach Anzahl der Objekte spricht man von zwei- oder mehrstelligen Beziehungen. In unserem Beispiel ist "Mayer kann programmieren" eine zweistellige Beziehung zwischen den Objekten "Mayer" und "programmieren". Ferner werden Beziehungen danach eingeteilt, wieviele Ausprägungen eines Objekts mit Ausprägungen des anderen Objekts verbunden sein können. Man bezeichnet dies als die Kardinalität der Beziehungen. Meist wird zwischen folgenden Beziehungstypen unterschieden (ULL80,ZEN81):

1) eins-zu-eins Beziehungen
   Dies ist die einfachste und zugleich seltenste Form von Beziehungen; sie bedeutet, daß einer Ausprägung eines Objekts genau eine Ausprägung eines anderen Objekts zugeordnet ist.

2) eins-zu-viele Beziehungen
   Dies ist ein sehr häufiger Beziehungstyp. Gemeint ist damit, daß einer Ausprägung eines Objekts ein oder mehrere Ausprägungen eines anderen Objekts zugeordnet sein können.

3) viele-zu-viele Beziehungen
   Während für die bisherigen Formen von Beziehungen häufig Äquivalente zwischen Modelldefinitionssprachen und den Modellkonzepten existieren, können viele-zu-viele Beziehungen in den meisten

Basissystemen nicht direkt dargestellt werden; z. B. bei DBTG- und IMS-Datenbanken nur indirekt durch die Verwendung eines Verbindungskonstrukts. Dies hat zur Folge, daß die Modellierung repräsentationsgebunden wird.

Die Unterscheidung zwischen Eigenschaften und Beziehungen ist meist ein definitorisches Problem und hat weniger praktische Konsequenzen. Da das Konzept zur Charakterisierung von Klassen durch Eigenschaften jedoch in der Datenverarbeitung traditionell verwendet wird und vielen Anwendern "natürlich" vorkommt, soll hier von Eigenschaften immer dann gesprochen werden, wenn die Attribute einer Klasse gemeint sind. Der Begriff "Beziehungen" wird verwendet, wenn Objekte in verschiedenen Klassen miteinander verbunden werden. In Abb. 2.6 wird unter Verwendung der Begriffe "Eigenschaft" und "Klasse" ein Teil einer konzeptionellen und repräsentationsunabhängigen Sicht des bisherigen Beispiels aus dem Rechnungswesen vorgestellt.

Die definitorischen und faktischen Eigenschaften in Abb. 2.6 nennt man einfach, da sie nur ein einziges Subjekt haben. Das Subjekt, z. B. MITARBEITER, hat mehrere Eigenschaften, z. B. PNR, NAME, usw. Es kommt jedoch häufig vor, daß eine Eigenschaft mehrere Subjekte besitzt, d. h. sie partizipiert in mehreren Klassen. So könnte z. B. APLATZ eine Eigenschaft von MITARBEITER und ABTEILUNG sein. Komplexe Eigenschaften (vgl. MYL80c, S.189) verhalten sich bei Veränderungen anders als einfache Eigenschaften; z. B. können in MITARBEITER nur solche Ausprägungen von APLATZ auftreten, die auch bei ABTEILUNG vorkommen.

Abb. 2.6: Klassen und Eigenschaften

KLASSE	EIGENSCHAFT	LEGENDE	OBJEKTAUSPRÄGUNG
ABTEILUNG	(ANR;	(Abteilungsnr.;	< 4711;
	ANAME;	Bezeichnung;	Rechenzentrum;
	CODE)	Adreßcode)	6900-51 >
APLATZ	(APLNR;	(Arbeitsplatznr.;	< 533;
	WERT)	Bewertung)	18 >
MITARBEITER	(PNR;	(Personalnummer;	< 99999;
	NAME;	Familienname;	Mayer;
	GEBURT;	Geburtsdatum;	11251948;
	GESCHL;	Geschlecht;	m;
	AUSBILD;	Ausbildung;	Dipl.-Inf.;
	FAM;	Familienstand;	ledig;
	KINDER;	Kinderzahl;	0;
	TITEL;	Position;	Berater;
	BONUS)	Sonderzahlung)	10% vom Gehalt >
PRODUKTION	(TNR;	(Produkt;	< 5000;
	MENGE)	Menge)	497 >
LOHN	(LGRUPPE;	(Lohngruppe;	< 5000;
	AKKORD)	Akkordsatz)	100 >
MATERIAL	(TNR;	(Bauteil;	< 200;
	PREIS;	Preis;	700;
	DISK;	Rabatt;	10;
	AMENGE)	Lagermenge)	497 >
FÄHIGKEIT	(FHKTCODE;	(Code;	< FZG403;
	BEZ;	Bezeichnung;	Programmieren;
	SPEZIELL)	Detailbez.)	FORTRAN >

Die Ordnung der Klassen, wie sie in Abb. 2.6 dargestellt sind, ist vom Grade zwei, da alle Eigenschaften einer Klasse jeweils durch solche Klassen beschrieben werden, die selbst atomar, d. h. nicht durch andere Klassen charakterisiert sind. Dies kann für die Anwendungsmodellierung von EUS nachteilig sein, wie anhand zweier Beispiele gezeigt werden soll.

Modellierungskonzepte, die nur Klassen der zweiten Ordnung zulassen, können z. B. bei einer Kundenkartei nicht unterscheiden, ob es sich bei den Kunden um Personen oder Unternehmen handelt.

Bei Unternehmen mit einer umfangreichen Produktpalette können nicht alle Erzeugnisse mit denselben Eigenschaften beschrieben werden. Dies bedeutet, daß in einer Klasse unterschiedliche Attribute leer sind.

2.2.2 Repräsentation der Modellprimitiven

Nachfolgend wird gezeigt, mit welchen Konzepten die verschiedenen Datenmodelle die bislang diskutierten Modellprimitiven repräsentieren. Das Ziel dabei ist, die bisher gemachten Vorschläge zu klassifizieren und auf Erweiterungen für EUS hinzuführen. Zu diesem Zweck werden zunächst die traditionellen Datenmodelle kurz charakterisiert, während die semantischen Datenmodelle noch zu vielfältig und in ihren Orientierungen zu unterschiedlich sind, um sie ebenfalls nur kurz darzustellen. Hier werden nur die Modellierungskonzepte erwähnt, die zur Darstellung betriebswirtschaftlicher Systeme geeignet sind. Diese Modellierungskonzepte können nicht einem speziellen Datenmodell zugeordnet werden, sondern finden sich in den verschiedenen Vorschlägen wieder (vgl.MCL81).

1) Relationales Datenmodell
Beim relationalen Datenmodell werden die Beziehungen zwischen Objekten durch eine n-stellige Relation dargestellt. Ausgehend von einer Menge - nicht notwendigerweise unterschiedlicher - Domänen, $S_1, S_2, \ldots, S_v$, ist eine Relation R eine Menge von Tupeln derart, daß das erste Element jedes Tupels aus S_1, das zweite aus S_2 usw. entnommen ist. Eine Relation ist eine Teilmenge des kartesischen Produkts $S_1 x S_2 x \ldots x S_n$, wobei die Menge S_i, mit $1 \leqq i \leqq n$, das i-te Attribut von R ist und R als vom Grade n betrachtet wird. Eine geeignete Struktur zur Darstellung von Relationen ist die Tabelle, wobei

der Tabellenname mit dem Namen der Relation, die Spaltenüberschriften mit den Attributen und die Zeilen mit den Tupeln gleichgesetzt werden können. Da Relationen Mengen mit Tupeln als Elemente sind, können Tupel im Gegensatz zu Tabellenzeilen nicht mehrfach innerhalb einer Relation vorkommen. Beim Relationenmodell werden Beziehungen zwischen Tabellen ausschließlich durch die Dateninhalte mit Hilfe relationaler Operatoren vom Benutzer zum Verarbeitungszeitpunkt hergestellt. Man spricht daher von einer assoziativen Verknüpfung von Objekten, im Gegensatz zur referentiellen Verbindung bei Netzwerk- und hierarchischen Datenmodellen.

2) Netzwerkartiges Datenmodell
Im Netzwerkmodell ist die Miniwelt durch einen gerichteten Graphen repräsentiert, wobei die Knoten Objekte und die Kanten Beziehungen symbolisieren. Objekte sind generischer Art und werden RECORDS genannt, die ihrerseits wieder aus verschiedenen RECORD-Ausprägungen bestehen. Die Beziehungen werden durch SETS repräsentiert, worunter man eine gerichtete und mit Namen versehene Referenz zwischen zwei RECORDS versteht. SETS sind binäre eins-zu-viele Beziehungen. Der Begriff SET ist sehr mißverständlich gewählt und darf nicht mit dem mathematischen Begriff der Menge verwechselt werden. Es handelt sich dabei vielmehr um eine Verbindung zwischen zwei RECORDS, wobei ein RECORD als der Eigentümer (OWNER) und der andere als Mitglied (MEMBER) des SETS bezeichnet wird.

3) Hierarchisches Datenmodell
Beim hierarchischen Datenmodell wird die Miniwelt ebenso wie beim Netzwerkmodell durch einen gerichteten Graphen symbolisiert, mit der Einschränkung, daß eine Kante nur auf einen Knoten gerichtet sein, ein Knoten jedoch von mehreren Kanten verlassen werden kann. Die Knoten werden als SEGMENTE bezeichnet und bestehen aus FELDERN. Die Beziehungen deuten vom Elternsegment zu einem oder mehreren Kindersegmenten. Das SEGMENT, von dem nur Verbindungen ausgehen, nennt man das Wurzelsegment (ROOT SEGMENT). Beziehungen zwischen SEGMENTEN besitzen keine Namen, da keinerlei Zweideutigkeiten auftreten können.

Durch die Festlegung einer hierarchischen Sequenz - in einem IMS-Baum z. B. von oben nach unten, von links nach rechts - kann jede Beziehungsausprägung eindeutig identifiziert werden.

In Abb. 2.7 ist der Versuch gemacht worden, den Datenraum für jede Datenmodellklasse zu klassifizieren, um somit den Vorrat an Modellierungskonzepten vergleichbar zu machen. Allerdings haben die komplexen Darstellungsmöglichkeiten in der hier geforderten direkten Form noch keinen Eingang in verbreitete Programmsysteme gefunden. Dabei wurden die Fähigkeiten zur Klassenbildung, zur Beschreibung von Objekten durch Eigenschaften und zur Repräsentation von Beziehungen hervorgehoben.

Alle Datenmodelle unterscheiden zwischen Objekten und Klassen. Dazu wird eine Operation "Klassifizierung" benutzt, die auch als "Element-von" Verbindung umschrieben werden kann. So ist z. B. das individuelle Objekt "Mayer" ein Element der Klasse "Mitarbeiter". Ganz allgemein kann gesagt werden: wenn ein Objekt A Element eines Objekts B ist, dann ist B ein Objekt höherer Ordnung. Bei allen Datenmodellen ist die Klasse immer eine Teilmenge des kartesischen Produkts der Domänenausprägungen und des jeweiligen Attributnamens. Die Möglichkeit, auch Klassen als Elemente von Klassen zuzulassen, stellt eine Erweiterung der Möglichkeiten zur direkten Modellierung realer Systeme dar.

Abb. 2.7: Datenraum von Datenmodellen

Modellklasse	Objekte und Klassen	Eigen- schaften	Verbindung		
			Klassi- fikation	Aggre- gierung	Be- ziehung
Hierarchisch	ja	einfach	O × K	O × O	OT × OT (ref.)
Netzwerk	ja	einge- schraenkt komplex	"	"	OT × OT (ref.)
Relational	ja	einfach	"	"	OT × OT (ass.)
Semantisch	ja	komplex	O × K K × MK	O × O K × K MK × MK	---

Legende: O - Objekt, K - Klasse, OT - Objekttyp, MK - Metaklasse, ref.= referentiell, ass.= assoziativ

Wenn ein Objekt A ein Attribut eines Objekts B ist, dann ist A eine Eigenschaft von B, und A und B stellen zusammen ein Objekt höherer Ordnung dar. Wenn z. B. ein Mitarbeiter einer Abteilung zugeordnet wird, dann ist das Objekt "Zuordnung" ein höheres Objekt des Datenraums als "Mitarbeiter" und "Abteilung". Dieses Objekt wird häufig Aggregat (vgl. dazu SMI77, S.405) genannt. Die traditionellen Datenmodelle aggregieren nur die Attribute von individuellen Objekten, während bei semantischen Datenmodellen auch die Eigenschaften von Klassen durch andere Klassen symbolisiert werden können. Es entsteht dabei ein weiteres höheres Objekt, die Metaklasse. So kann z. B. das Durchschnittsgehalt einer Abteilung nur einer Metaklasse, nicht jedoch einer Klasse der Ordnung Relation, Record oder Segment zugeordnet werden (vgl. BRO81, S.4).

In Abb. 2.7 wird zwischen Verbindungen und Beziehungen unterschieden. "Verbindung" ist dabei der Oberbegriff und wird immer dann verwendet, wenn Objekte höherer Ordnung erzeugt werden. Beziehungen sind bei den traditionellen Datenmodellen auf die Verbindung von Objekten der zweiten Ordnung beschränkt, während semantische Datenmodelle Objekte aller Ordnungen miteinander verknüpfen können. Sie erlauben damit eine Nachbildung von hierarchischen Beziehungen zwischen Objekten und Klassen, die es bei traditionellen Datenmodellen nicht gibt.

2.2.3 Modelldefinitionssprachen

Eine Modelldefinitionssprache ist eine Notation zur Beschreibung des Datenraums eines Modellierungssystems. Sie stellt generische Objekte zur Verfügung, worunter Strukturen zur Abbildung der Objekte einer Miniwelt zu verstehen sind. Die Konstrukte zur Repräsentation von Objekten werden Typen oder Datenstrukturen genannt (vgl. SMI79, S.180f). In Abb. 2.8 sind die Typen der Modelldefinitionssprachen der bisher diskutierten Datenmodelle danach klassifiziert, ob es sich um Sub- oder Attributtypen handelt. Dabei sei ein Typ A dann ein Subtyp des Typs B, wenn jede Ausprägung von A auch eine Ausprägung von B ist. Hingegen darf eine Ausprägung von B nur dann Ausprägungen von A enthalten, wenn A ein Attributtyp von B ist.

Traditionelle DDL unterstützen keine Subtypen. Subtypen würden erlauben, daß identischen Objektausprägungen gleichzeitig unterschiedliche Typen zugeordnet wären. Wenn z. B. der Fertigungslohn ein Subtyp von Gehalt ist, dann hat der Betrag DM 1000.-- zumindest zwei Typen, nämlich "Gehalt" und "Fertigungslohn". Diese Repräsentationsform ist für EUS, insbesondere für deren ebenenorientierte, organisatorische Einordnung, wünschenswert. Durch die sukzessive Bildung von Subtypen erhält man eine hierarchische Metastruktur der Anwendung, die keineswegs ein Zugriffspfad, wie z. B. bei IMS, sondern die Vereinigungsmenge aller Typausprägungen des Anwendungsmodells ist.

Abb. 2.8: Typen von Modelldefinitionssprachen

Modellklasse	SUBTYPEN		ATTRIBUTTYPEN		
	vorhanden	Meta struktur	Einzelattribute	Vielfachattribute	Metastruktur
hierarchisch	nein	-	ja	nein	Inverser Baum
Netzwerk	nein	-	ja	nein	Rekursive Hierarchie
relational	nein	-	ja	nein	Inversion
semantisch	ja	Hierarchie	ja	ja	Rekursive Hierarchie

Wenn A ein Attributtyp von B ist, so ist A genau dann ein Einzelattribut, wenn jede Ausprägung von B höchstens ein A-Attribut hat. Kann jede Ausprägung von B mehr als ein Attribut von A enthalten, soll dies ein Vielfachattribut genannt werden. Z. B. habe der Typ PRODUKT die Attributtypen BEZEICHNUNG und FARBE. Dabei ist BEZEICHNUNG ein Einzel- und FARBE dann ein Vielfachattributtyp, wenn ein Produkttyp verschiedene Farben haben kann. Alle Datenmodelle unterstützen Einzelattribute. Im Gegensatz zu Subtypen kann die semantische Metastruktur von Attributtypen rekursiv sein (vgl. SMI77b).

Die Modelldefinitionssprachen traditioneller Datenmodelle können gerade dadurch charakterisiert werden, daß sie sich um eine effiziente Repräsentation von Einzelattributtypen bemühen und daher die Nachbildung von hierarchischen Beziehungen Anwendungsprogrammen überlassen müssen. Man sagt, die Modellierung ist indirekt und kann als Folge davon vom Benutzer oft nur mit großen Mühen nachvollzogen werden.

2.2.3.1 Aggregierung

Ein Aggregat ist ein Typ beliebiger Ordnung und repräsentiert die Beziehungen zwischen Objektklassen. Traditionell verwendet man dafür in der Datenverarbeitung den Begriff "Satz". Nachfolgend soll gezeigt werden, inwiefern Satzkonzepte limitiert sind und wo Möglichkeiten zur Erweiterung bestehen.

Bei IMS Datenbanken werden Felder (FIELD) zu SEGMENTEN zusammengefaßt. Da die Felddeklarationen Einzelattributtypen sind, können innerhalb eines Segments nur eins-zu-eins Beziehungen dargestellt werden. Ferner können wenige für die externe Sicht und die Datenpräsentation geeignete Aufbereitungen vorgenommen werden. So kann z. B. nicht angegeben werden, an welcher Stelle das Dezimalkomma stehen sollte. In der TYPE Anweisung kann man nur bestimmen, ob es sich um Zeichendaten (TYPE=C), numerische Werte (TYPE=P) oder um binäre Halb- oder Vollwortdaten (TYPE=H oder TYPE=F) handelt. Durch die Auszeichnung eines Feldes mit dem Wort SEQ bestimmt man eine Sortierfolge, während der Buchstabe M oder S anzeigt, ob Feldinhalte mehrfach (M) oder nur einmal (S) in den Segmentausprägungen vorkommen dürfen.

Abb. 2.9: Aggregat (Segment) bei IMS

```
(1) SEGM     NAME=MITARBEITER, BYTES = 100
(2) FIELD    NAME=(PNR,SEQ), BYTES = 4, START = 1, TYPE = P
(3) FIELD    NAME=NAME, BYTES = 20, START = 5, TYPE = C
(4) FIELD    NAME=GEBURT, BYTES = 6, START = 26, TYPE = C
(5) FIELD    NAME=GESCHL, BYTES = 1, START = 33, TYPE = C
 .........
```

Die Datentypen, wie z. B. CHARACTER, dürfen nicht mit Attributtypen verwechselt werden. Beides sind jedoch spezielle Formen von Integritätsbedingungen. Während jedoch Attributtypen semantische Größen auf der

Anwendungsebene darstellen, regeln Basisdatentypen, welche Grundoperatoren zulässig sind; so können z. B. für Zeichendaten keine Rechenoperationen ausgeführt werden. Die Möglichkeiten, Konsistenzregeln durch Basisdatentypen zu beschreiben, sind im IMS sehr eingeschränkt realisiert und werden in die Verantwortung der jeweiligen Anwendung übertragen. Wesentlich umfangreichere Möglichkeiten zur Definition von Basisdatentypen sind im DBTG-Schema möglich.

Abb. 2.10: Aggregat (Record) bei DBTG-Datenbanken

```
(1) RECORD NAME IS MITARBEITER;
(2) 1 PNR PICTURE IS 9999;
(3)   CONVERSION NOT ALLOWED;
    ...........
(4) 1 AUSBILDUNG TYPE IS CHARACTER;
(5)   OCCURS 5 TIMES;
    ...........
```

In der Abb. 2.10 ist ein Beispiel für DBTG-RECORDS gezeigt. Da die Attribute (DATA ITEM) Datentypen besitzen, wie sie von COBOL und PL/1 bekannt sind, werden sie nicht weiter erläutert. Von besonderem Interesse ist die Anweisung (5), die zeigt, daß DBTG in eingeschränktem Umfang Subtypen beschreiben kann. DBTG-Schemata sehen eine Anzahl nützlicher Abbildungsmöglichkeiten für die externen Sichten vor. So wird z. B. in Anweisung (3) festgelegt, daß für die PNR keine Konversion in eine andere Darstellungsform erlaubt ist. Solche Anweisungen erhöhen die Flexibilität bei der Gestaltung von externen Schemata und entlasten so den Endbenutzer von für seine Anwendung unwesentlichen Details.

Aggregate bei SQL/DS können durch die Eigenschaften von Tabellen charakterisiert werden. In Abb. 2.11 ist die Tabelle MITARBEITER durch ihre Attributtypen, z. B. NAME, gekennzeichnet.

Neben dem Datentyp CHAR gibt es noch INTEGER, FLOAT und CHAR(LONG) VAR, der Zeichenketten bis zu 32K enthalten kann. In der Anweisung (2) wird der Datentyp NONULL spezifiziert, der garantiert, daß kein Wert für dieses Tupel gespeichert wird, wenn nicht für die Personalnummer eine gültige Ausprägung vorhanden ist (vgl. CHA76).

Abb. 2.11: Aggregate (TABLE)in SQL/DS

```
(1) CREATE TABLE MITARBEITER
(2)  (PNR (INTEGER, NONULL),
(3)   NAME (CHAR (20) VAR),
(4)   GEBURT (CHAR (6)),
(5)   GESCHL (CHAR (1)));
 .........
```

Die Aggregate von traditionellen Datenmodellen basieren ausschließlich auf Einzelattributtypen. Viele Anwendungen können direkter und unmittelbarer durch Vielfachattributtypen dargestellt werden. Zur Demonstration wird versucht, den folgenden einfachen Tatbestand zu modellieren:

Ein Mitarbeiter (M) arbeite in der Abteilung (A), sei an der Fertigung des Produkts (P) beteiligt und erhalte abhängig von der Stückzeit (STZ) und der Produktionsmengenvorgabe (VGB) ein Gehalt (G).

Die bisher beschriebenen Modellierungskonzepte würden dies als 6-stellige Beziehung zwischen den Attributen M,A,P,STZ,VGB,G repräsentieren. Es bleibt jedoch ohne weitere Analyse unklar, was unter den einzelnen Attributen zu verstehen ist und wie sie in allgemeiner Form charakterisiert werden können. So sei z. B. ein Mitarbeiter durch seine Personalnummer (PNR) und sein Gehalt (G) bestimmt, welches wiederum von der Abteilung (A) und dem Produkt (P) abhängt, an dem der Mitarbeiter beschäftigt ist. Die Abteilung (A) selbst hat eine Abteilungsnummer (ANR) und besteht aus verschiedenen Arbeitsplätzen (APLATZ), die unterschiedliche Lohngruppen (LGRUPPE) haben. Die Produkte (P) sind durch ihre Teilenummern (TNR), ihre Stückzeiten (STZ), ihre Mengenvorgaben (VGB) und die fertigende Abteilung gekennzeichnet. In Abb. 2.12

ist dieses Problem durch vier Typen realisiert, wobei nur zwei die Eigenschaften von Sätzen (Records) haben, während MITARBEITER und GEHALT bereits eine hierarchische Beziehung repräsentieren.

Abb. 2.12: Aggregate semantischer Datenmodelle

```
=========================================
(1) Type MITARBEITER ::= Aggregat
          PNR ::= Personalnummer
          G   ::= GEHALT
=========================================
(2) Type GEHALT ::= Aggregat
          P ::= PRODUKT
          A ::= ABTEILUNG
=========================================
(3) Type PRODUKT ::= Record
          TNR ::= Teilenummer
          VGB ::= Mengenvorgabe
          STZ ::= Stückzeit
=========================================
(4) Type ABTEILUNG  ::= Record
          ANR     ::= Abteilungsnummer
          APLATZ  ::= Arbeitsplatz
          LGRUPPE ::= Lohngruppe
=========================================
```

Die Attributtypen von MITARBEITER sind PNR und G. Daß G selbst wieder ein Vielfachattribut ist, ist durch die Darstellung von GEHALT in Großbuchstaben angedeutet. Dasselbe gilt für die übrigen Typen. Die Abb. 2.12 ist eine direkte Repräsentation der obigen Anwendung und stellt eine semantische Hierarchie mit drei Ebenen dar. MITARBEITER ist von höherer Ordnung als GEHALT, dieses steht wieder über PRODUKT und ABTEILUNG, die wie traditionelle Sätze oder Tabellen behandelt werden können.

Bei Aggregierungshierarchien kann jedes Objekt unabhängig von seiner hierarchischen Stellung direkt angesprochen werden. Wenn man z. B. die

LGRUPPE eines Mitarbeiters erfahren möchte, kann dies durch die Abfrage des Typs Abteilung geschehen. Der semantische Kontrollpfad braucht nicht durchlaufen zu werden. Objekte innerhalb einer dem Benutzer nicht immer bekannten semantischen Hierarchie nennt man abstrakte Objekte (vgl. SMI77, S. 406f).

2.2.3.2 Beziehungen

Bei allen Datenmodellen wird ein Teil der Verbindungen von Objekten durch die Klassifizierung und Aggregation erfaßt, während die übrigen Beziehungen entweder vom Anwender oder explizit im Schema beschrieben werden müssen. Für die traditionellen Datenmodelle werden die Beziehungen entweder referentiell - dafür sei der Oberbegriff "explizite Beziehung" gewählt, oder assoziativ zum Verarbeitungszeitpunkt realisiert. Nachfolgend werden zur Demonstration der unterschiedlichen Denkansätze die expliziten Beziehungen getrennt behandelt, ehe eine zur Aggregierung komlementäre Form der Modellbeschreibung vorgestellt wird.

2.2.3.2.1 Explizite Beziehungen

Für das bisherige Beispiel seien die in Abb. 2.13 aufgeführten Beziehungen relevant. Die Objektklassen sind in Abb. 2.6 vorgestellt worden. Durch zusätzliche Beziehungen zu den Personaldaten, hier die FÄHIGKEITEN der Mitarbeiter, soll die Erweiterbarkeit von EUS demonstriert werden. So könnte z. B. mit dieser Datenbank auch der Personaleinsatz geplant werden.

Abb. 2.13: Explizite Beziehungen

BEZIEHUNG	PRÄDIKAT	FUNKTIONALITÄT
ABTEILUNG -->> ABTEILUNG	übergeordnet untergeordnet	1 : 1 1 : m
ABTEILUNG --> MITARBEITER	beschäftigt	1 : m
ABTEILUNG --> APLATZ	hat	1 : m
MITARBEITER -->> FÄHIGKEIT	besitzt ausgeübt	n : m
MITARBEITER --> APLATZ	arbeitet an	1 : m
PRODUKT -->> PRODUKT	besteht aus wird verwendet	n : m
PRODUKT -->> MATERIAL	fremdgefertigt	n : m
PRODUKT -->> APLATZ	zugeordnet	n : m
APLATZ --> LOHN	bewertet	1 : 1
APLATZ -->> FÄHIGKEIT	verlangt gebraucht	n : m

Die Struktur dieser Anwendung ist in Abb. 2.14 in graphischer Form dargestellt. Man erkennt, daß auch hierbei semantische Hierarchien als Modellierungskonzept verwendet werden und zu einer von der Repräsentation unabhängigen Anwendungsmodellierung beitragen. Es wird zu zeigen sein, daß traditionelle Datenmodelle diese Anwendung nur indirekt nachbilden können.

Zur Diskussion der Repräsentation von Beziehungen in traditionellen Datenmodellen wird nicht die gesamte in Abb. 2.14 dargestellte Anwendung herangezogen, da nachfolgend nur Prinzipien erörtert werden sollen. Die Einengung auf die Klassen MITARBEITER, ABTEILUNG, APLATZ und FÄHIGKEITEN erlaubt die Darstellung aller vorkommenden Beziehungstypen.

Abb. 2.14: Informationsstruktur des Anwendungsbeispiels

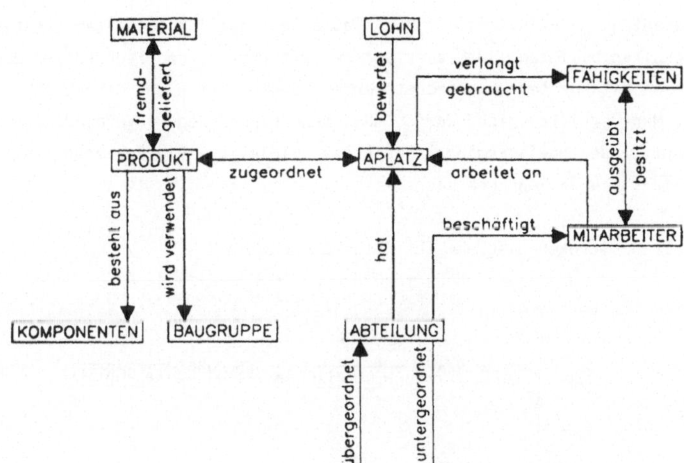

Ehe wir zur Repräsentation des Netzwerkmodells kommen, muß noch erläutert werden, wie durch das Zusammenfügen von SETS komplexe Strukturen entwickelt werden können.

1) Jedes MEMBER kann OWNER in weiteren SETS sein. Diese Strukturform erlaubt den Aufbau beliebig komplexer Hierarchien.

2) Jeder RECORD kann OWNER und MEMBER in mehreren SETS sein. Dadurch ist gewährleistet, daß Netzwerke aufgebaut werden können.

3) Ein RECORD kann in einem SET OWNER und MEMBER zugleich sein. Diese Anwendung ist wichtig, wenn z. B. Berichtswege, Stücklisten, Auftragsfolgen usw. dargestellt werden sollen. Man bezeichnet diese Struktur auch als rekursiven SET.

Wenn wir nun versuchen, viele-zu-viele Beziehungen im Netzwerkmodell abzubilden, treten Schwierigkeiten auf, da hierfür keine direkte Repräsentation existiert. Die Tatsache, daß Mitarbeiter mehrere Fähigkeiten besitzen, daß aber andererseits dieselben Fähigkeiten auch mehreren Mitarbeitern zugeordnet werden können, ist nicht direkt abbildbar. Man behilft sich damit, daß man einen sog. Verbindungssatz einführt, der gewissermaßen aus einer viele-zu-viele Beziehung viele eins-zu-viele Beziehungen macht.

Abb. 2.15: Strukturdiagramm für DBTG-Datenbanken

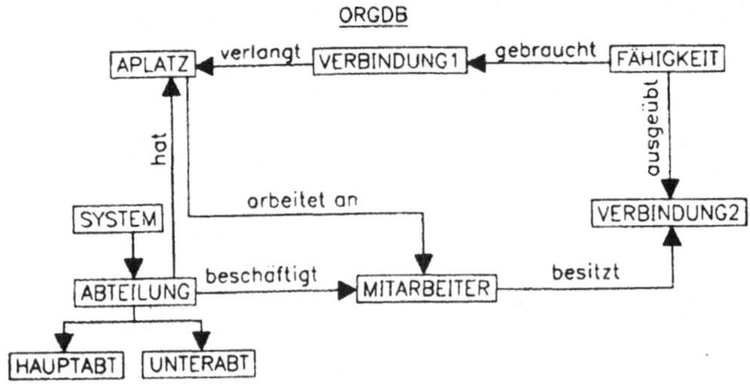

Während ein SET die Beziehungen zwischen den RECORDS ausdrückt, können zusätzlich innerhalb der RECORDS verschiedene Beziehungstypen auftreten. Von Interesse sind dabei die eins-zu-viele Beziehungen. Wenn z. B. ein Mitarbeiter mehrere Fähigkeiten besitzt, kann dies in DBTG-Datenbanken auf zwei Weisen dargestellt werden. Entweder definiert man einen SET oder man stellt die Beziehung innerhalb eines RECORDS durch eine Wiederholungsgruppe (REPEATING GROUP) dar. Dies hat für den Benutzer allerdings dann die Konsequenz, daß er sich informieren muß, wie ein in der Anwendung an sich eindeutiger Tatbestand repräsentiert wurde.

Nachfolgend soll die Abb. 2.15 in die für DBTG-Datenbanken standardisierte DDL umgesetzt werden (vgl. CDA78). In Abb. 2.16 werden die Rechtecke der Abb. 2.15 durch RECORDS und die Kanten des Diagramms durch SETS dargestellt, während die Kantenbeschriftungen durch einen SET-Namen repräsentiert werden.

Insgesamt kann man vier Erscheinungsformen von SETS unterscheiden. Die weitaus häufigste Art ist z. B. durch den SET ARBEITET-AN (22,23,24) repräsentiert, wobei MEMBER- und OWNER-RECORD verschiedenen RECORD-Typen angehören. Viele Anwendungen sind jedoch dadurch gekennzeichnet, daß Strukturen innerhalb desselben Recordtyps definiert werden. Ein Beispiel für einen solchen rekursiven SET beschreiben die Anweisungen (19,20,21), welche die Organisationsstruktur des Unternehmens abbilden. Häufig möchte man die Ausprägungen eines RECORDS in einer speziellen Sortierfolge abarbeiten, z. B. für die Inventur von Lagerbeständen. Man benutzt dazu einen singulären SET, was bedeutet, daß innerhalb eines SETS nur ein RECORD auftritt und der OWNER durch SYSTEM symbolisiert wird. Die Anweisungen (16,17,18) bewirken, daß ABTEILUNG wie eine sequentielle Datei behandelt werden kann. Die vierte und auch komplizierteste Beziehungsform wird immer dann benötigt, wenn viele-zu-viele Beziehungen beschrieben werden müssen. Da dies in der DBTG-DDL nicht direkt möglich ist, müssen über Verbindungssätze diese Beziehungen erst in eins-zu-viele Beziehungen umgewandelt werden und können danach als normale SETS definiert werden. In den Anweisungen (14,15) werden zwei Verbindungssätze deklariert, wovon einer innerhalb des SETS BESITZT (25,26,27) verwendet wird.

Abb. 2.16: Modellteil eines DBTG-Schemas

```
====================================
( 1) SCHEMA NAME IS ORGDB;
 ......
( 2) RECORD NAME IS ABTEILUNG;
( 3)  1 ANR PICTURE IS 4(9);
( 4)  1 ANAME TYPE IS CHARACTER;
( 5)  1 CODE PICTURE IS 4(9)V99;
( 6) RECORD NAME IS MITARBEITER;
( 7)  1 PNR PICTURE IS 9999;
( 8)  1 AUSBILDUNG TYPE IS CHARACTER;
( 9)    OCCURS 5 TIMES;
 .......
(10)  1 GEHALT TYPE IS FIXED 5,2;
(11) RECORD NAME IS APLATZ;
(12)  1 APLNR  PICTURE IS 4(9);
(13)  1 BESCHR TYPE IS CHARACTER;
 ......
(14) RECORD NAME IS VERBINDUNG1;
(15) RECORD NAME IS VERBINDUNG2;
====================================
(16) SET NAME IS SYSTEM;
(17)  OWNER IS SYSTEM;
(18)  MEMBER IS ABTEILUNG;
(19) SET NAME IS UNTERGEORDNET;
(20)  OWNER IS ABTEILUNG;
(21)  MEMBER IS ABTEILUNG;
 ......
(22) SET NAME IS ARBEITET-AN;
(23)  OWNER IS MITARBEITER;
(24)  MEMBER IS APLATZ;
(25) SET NAME IS BESITZT;
(26)  OWNER IS MITARBEITER;
(27)  MEMBER IS VERBINDUNG2;
 .......
====================================
```

In der Abb. 2.17 wird dieselbe Datenbank als hierarchische Struktur dargestellt. Man erkennt zwei Besonderheiten:

1) Es ist nicht möglich, die gesamte Datenbank mit einer Struktur zu beschreiben. Dies hat seinen Grund in der hierarchischen Darstellungsweise, die nur eins-zu-viele Verbindungen zuläßt und die mehrfache Verwendung eines Typs innerhalb eines Baums verbietet.

2) SEGMENTE desselben Typs kommen mehrfach vor. Dieser Tatbestand bedeutet keineswegs, daß diese SEGMENTE auch mehrfach zu speichern sind, sondern daß zur Darstellung der Realität auf der Benutzerebene Wiederholungen notwendig sind.

Abb. 2.17: Strukturdiagramm einer hierarchischen Datenbank

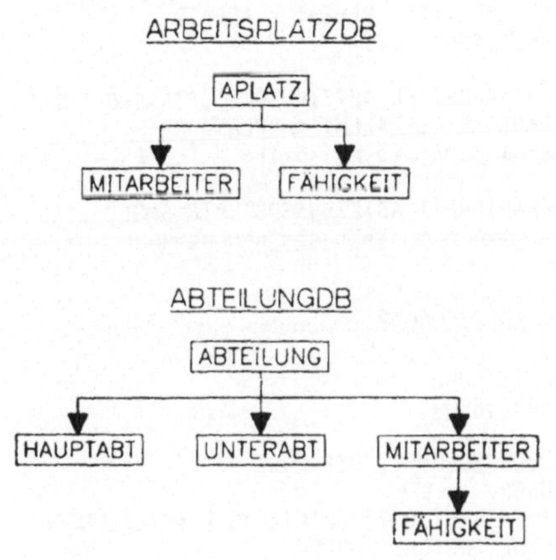

Wie schon im Netzwerkmodell treten auch im hierarchischen Datenmodell immer dann Schwierigkeiten auf, wenn viele-zu-viele Beziehungen abgebildet werden sollen. Auf der Endbenutzerebene kann man diese Beziehungen nur durch Redundanzen darstellen.

Abb. 2.18: Datenbankbeschreibung im IMS

```
==========================================================================
ARBEITSPLATZDATENBANK

(1)  DBD      NAME = APLATZDB, ....
 ......
(2)  SEGM     NAME=APLATZ, ....
(3)  FIELD    NAME=(APLNR,SEQ), ....
 ......
(5)  SEGM     NAME=MITARBEITER, PARENT = APLATZ, ....
(6)  FIELD    NAME=(PNR,SEQ), ....
 ......
(7)  LCHILD   NAME=(MITARBEITER,ABTEILUNGDB),PTR=SNGL, ....
(8)  SEGM     NAME=FÄHIGKEIT, PARENT = APLATZ
(9)  FIELD    NAME=(FHKTCODE,SEQ,M), BYTES =  ,START=  ,TYPE=C
 ......
(10) LCHILD   NAME=(FÄHIGKEIT,ABTEILUNGDB),PTR=SNGL, ....
==========================================================================
ABTEILUNGSDATENBANK

(11) DBD      NAME = ABTEILUNGDB, ....
 ......
(12) SEGM     NAME=ABTEILUNG, ....
(13) FIELD    NAME=(ANR,SEQ), ....
 ......
(14) LCHILD   NAME=ÜBERGEORDNET, PTR=NONE, ....
(15) SEGM     NAME=ÜBER,
              PARENT=((ABTEILUNG),ABTEILUNG,P,ABTEILUNGDB)
              PTR=(SNGL,LOGICAL PARENT)
(16) LCHILD   NAME=UNTERGEORDNET, ....
 .......
(17) SEGM     NAME=UNTER, ....
 .......
(18) SEGM     NAME=MITARBEITER, PARENT = APLATZ,
              PARENT=((APLATZ),MITARBEITER,P,APLATZDB),....
 ......
(19) SEGM     NAME=FÄHIGKEIT,
              PARENT=((MITARBEITER),FÄHIGKEIT,P,APLATZDB),....
==========================================================================
```

In der Abb. 2.18 wird das obige Strukturdiagramm in der DDL von IMS beschrieben. Die Deklarationen (1,11) identifizieren die Bestandteile der Datenbank. Die SEGMENTE werden durch die SEGM-Deklaration beschrieben, die neben dem Segmentnamen auch die Länge des Segments und dessen hierarchische Einordnung enthält. Die PARENT-Anweisungen (5,8,15,18,19) verweisen auf das jeweilige Elternsegment. Außer dem Wurzelsegment besitzen alle anderen Segmente diese Anweisung.

Beide Bäume der Abb. 2.17 bilden zusammen einen Teil des Schemas einer Datenbank für das Beispiel. Allerdings müssen die gewünschten Beziehungen bereits im physischen DBD festgelegt sein. Dies geschieht über einen Hinweis im DBD, daß für das betreffende SEGMENT in einem anderen DBD noch ein "logisches Kind" (LCHILD) existiert. Die Beziehungen zwischen den verschiedenen DBD basieren also auf logisch identischen Segmentausprägungen in verschiedenen Hierarchien, wobei als logisches Kind immer ein virtuelles Segment gemeint ist. In Abb. 2.18 werden durch die Anweisungen (7,10) die beiden Hierarchien verbunden. Dies geschieht durch VIRTUAL SEGMENTS, worunter eine solche Segmentausprägung (LCHILD) verstanden wird, die Zeiger-, aber meist keine Benutzerdaten enthält. Virtuelle Segmente können auch innerhalb eines DBD definiert werden. Im Falle der Darstellung eines Berichtsweges in einer Unternehmung wird dies notwendig. Hierbei handelt es sich um dasselbe Problem wie bei rekursiven SETS. Die Anweisungen (14, 15) zeigen, wie rekursive SETS in IMS beschrieben werden. Der Benutzer einer Datenbank bemerkt keinen Unterschied zwischen einem virtuellen und einem realen Segment. Verglichen mit einer semantischen Hierarchie, besitzt die Hierarchie in Abb. 2.18 einen wesentlichen Nachteil. Sie beschreibt zusätzlich zur Struktur der Anwendung einen Zugriffspfad. Wenn ein Benutzer wissen möchte, welche Fähigkeiten ein Mitarbeiter besitzt und welche dieser davon an seinem Arbeitsplatz benötigt, so muß er bei der Abfrage den vorgegebenen hierarchischen Pfad einhalten.

Für die Darstellung der Datenbank nach dem Relationenmodell ist die graphische Repräsentation wenig geeignet. In Abb. 2.19 sind die Beschreibungen der Objekt- und Beziehungstypen für das Anwendungsbeispiel in abstrakter Notation dargestellt. Die Schlüsselattribute sind in Kleinbuchstaben geschrieben. Man erkennt aus der Abbildung unter Verwendung der Abb. 2.14 sehr leicht das Prinzip, wie Beziehungen innerhalb von Tabellen dargestellt werden. Durch die Verwendung eines Schlüsselattributs einer Tabelle als Fremdattribut in einer anderen

Tabelle können die Beziehungen über gemeinsame Ausprägungen dieses Attributs dargestellt werden (z. B. das Attribut APLNR in den Tabellen 3,4,7).

Abb. 2.19: Relationale Darstellung der ORGDB

```
(1) ABTEILUNG (anr, ANAME, CODE)
(2) ORGSTRUKTUR (hauptanr, unteranr)
(3) MITARBEITER (pnr, NAME, GEBURT, GESCHL,
                 AUSBILD, FAM, KINDER, TITEL, ANR
                 APLNR, GEHALT, BONUS)
(4) APLATZ  (aplnr, WERT)
(5) FÄHIGKEIT (fhktcode, BEZ, SPEZIELL)
(6) BESITZT (anr, pnr, fhktcode)
(7) VERLANGT (aplnr, fhktcode)
```

Aus der Abb. 2.19 wird deutlich, daß bei relationalen Datenmodellen einem anderen Schemaaufbau als bei der DBTG und dem IMS gefolgt wird, da Beziehungen nicht explizit definiert werden müssen. Bei DBTG und IMS besitzt jedes Objekt eine Referenz zu den Objekten, zu denen Beziehungen vorhanden sind, während bei relationalen Modellen Verbindungen zum Verarbeitungszeitpunkt auf Grund von Dateninhalten assoziativ realisiert werden.

Auch das Relationenmodell hält nicht den Grundsatz ein, daß für ein Phänomen der Realität nur eine Repräsentationsform vorhanden sein sollte. Obwohl sich die Tabellen in der dritten Normalform (vgl. zu Normalformen FAG77) befinden, sind doch gleiche Beziehungstypen unterschiedlich realisiert. So werden z. B. die Beziehungen "übergeordnet", "untergeordnet", "besitzt" und "verlangt" durch eigene Tabellen (ORGSTRUKTUR, BESITZT, VERLANGT) dargestellt, während die Beziehung "arbeitet an", d.h., daß ein Mitarbeiter an einem bestimmten Arbeitsplatz beschäftigt ist, innerhalb der MITARBEITER-Tabelle abgebildet wird. Diese Möglichkeiten, einen Tatbestand, hier z. B. die eins-zu-viele Beziehungen APLATZ --> MITARBEITER, in unterschiedlicher Weise zu repräsentieren, verlangt vom Verwender, daß er sich mit der Organisation der Daten vertraut machen, und nicht nur die Dateninhalte kennen muß.

Die expliziten Beziehungen in allen behandelten Datenmodellen müssen vom Endbenutzer bei der Problemformulierung beachtet werden. Ferner verbinden sie Objekte, die für eine Anwendung oft erst inhaltlich aufbereitet werden müssen. Wie bereits oben gezeigt wurde, können durch Aggregate anwendungsbezogene Objekthierarchien modelliert werden, ohne daß der Benutzer die Beziehungen kennen muß. Neben dieser definitorischen Beschreibung ist jedoch noch eine aufgabenbezogene Klassifikation zur vollständigen Modellierung notwendig. Diese soll nachfolgend behandelt werden.

2.2.3.2.2 Generalisierung

Betriebswirtschaftliche Anwendungen sind fast immer in eine hierarchische Organisationsstruktur eingebettet und bereiten bei der Modellierung oft weniger Schwierigkeiten durch ihre besonders komplexe Struktur, als vielmehr durch ihre hohe Anzahl von Ausnahmen von einer allgemeinen Regel. Modellierungskonzepte für EUS sollten demnach in der Lage sein, Ähnlichkeiten zwischen Objekten, die sich nur durch wenige Eigenschaften unterscheiden, zu erfassen. Bei der Gehaltsfindung sollte z. B. zwischen den Mitarbeitern unterschieden werden, die nach der produzierten Menge (Akkordlohn), nach Anwesenheitszeit (Zeitlohn) oder aber nach Ausbildungsstand (Gehalt) entlohnt werden. Es kommt häufig vor, daß Informationen nicht einzelnen individuellen Objekten zugeordnet werden, sondern nur in Zusammenhang mit Objektklassen auftreten können. So kann z. B. die durchschnittliche Produktionsdauer von Produkten nicht bei einem Produkt, sondern nur im Zusammenhang mit der Objektklasse PRODUKT gespeichert werden. Diese Forderungen können dann erfüllt werden, wenn es gelingt, Klassifikationen zu modellieren. Man bezeichnet dieses Modellierungskonzept auch als Generalisierung, da ähnliche Objekte durch ein Objekt höherer Ordnung zusammengefaßt werden. Man beachte, daß bei der Aggregierung Objekte und Klassen inhaltlich definiert werden, während die Generalisierung eine logische Gruppierung gestattet.

Falls eine Objektklasse A speziellere Informationen enthält als eine Objektklasse B, dann ist A unterhalb von B angeordnet und kann als eine Ausprägung der Klasse B betrachtet werden. Man kann schreiben "B enthält A". So enthält z. B. die Objektklasse GEHALT alle LÖHNE, SOZIALABGABEN und LEISTUNGEN. Alle definitorischen Eigenschaften der generellen Klassen, z. B. MITARBEITER, sind auch definitorische und damit beschränkende Eigenschaften der speziellen Klassen, z. B. FACHARBEITER und LEHRLINGE. Die speziellen Klassen können zusätzliche definitorische Eigenschaften haben. In Abb. 2.20 wird dieses Beispiel in der Notation nach TAXIS (vgl. MYL80c, S.194ff) dargestellt.

Abb. 2.20: Generalisierungshierarchie

```
(1) FACHARBEITER is-a MITARBEITER with
     attributes:
     AUSBILD = 'FACHARBEITER';
    end;
(2) LEHRLING is-a MITARBEITER with
     attributes:
     AUSBILD = 'LEHRLING';
     ALTER <= 18;
    end;
```

Die "is-a"-Beziehung wurde zuerst für die Repräsentation von Wissen in semantischen Netzen verwendet. Sie ist binär und beschreibt eine hierarchische Metastruktur. An den Blättern des Baums sind die Klassen leer, während der Wurzelknoten alle Wertausprägungen umfaßt. Hinsichtlich der Extension der Objektklassen ist garantiert, daß jede untergeordnete Klasse mit all ihren Ausprägungen in den übergeordneten Klassen enthalten ist. Hinsichtlich der Strukturbeziehung hierarchisch unterschiedlicher Klassen kann gesagt werden, daß wenn "A is-a B" definiert wird, dann gelten alle Intensionsbeschränkungen für B auch für A.

Wenn z. B. alle MITARBEITER programmieren können müssen, dann gilt dies auch für alle LEHRLINGE. Wie bei der Aggregierung ergibt sich auch hier das Problem, wie solche Objekthierarchien repräsentiert werden können und wie gewährleistet werden kann, daß jedes Aggregat in der Hierarchie als unabhängiges abstraktes Objekt behandelt werden kann. SMITH und SMITH haben dazu eine Technik zur Namensgebung gefunden, die nachfolgende Vorteile bietet (vgl. SMI77, S.406ff, SMI77b, S.108):

1) Die Anwendung von Operatoren gleichermaßen auf alle abstrakten Objekte.

2) Die Beschreibung von spezifizierenden Attributen für untergeordnete abstrakte Objekte.

3) Die Beschreibung von Beziehungen zwischen abstrakten Objekten.

Die Einführung einer Ordnung, die Klassen nach ihrem Spezialisierungsgrad sortiert, erlaubt, daß für EUS Anwendungsmodelle entwickelt werden können, die durch ein Schema zentral kontrolliert werden, jedoch jeder hierarchischen Ebene in Organisationen die abstrakten Objekte mit dem Grad an Spezialisierung zur Verfügung stellen, der dieser Ebene angemessen ist. Mit "is-a"-Hierarchien können Ausnahmen von der Regel modelliert werden.

2.2.4 Konsistenzgarantie

Konsistenzbedingungen gewährleisten, daß die Datenbank zu jeder Zeit ein korrektes Abbild der Wirklichkeit darstellt. Sie sind ein Bestandteil des Anwendungsmodells und befreien den Anwender von unnötiger Komplexität bei der Problemformulierung, womit sie zur Steigerung der Produktivität der Benutzer beitragen. Allerdings sind der Definition von Integritätsregeln Grenzen gesetzt. So kann man zwar festlegen, daß ein Geburtsdatum vor dem Tag der Heirat liegen muß, kann aber nicht verhindern, daß trotzdem ein falsches Datum eingegeben wird. Konsistenzregeln stellen Wissen über die Anwendung dar und können daher nicht formal abgeleitet werden. Ebensowenig können sie unabhängig von der Anwendung beschrieben werden, da sie eine Modellierung von Organisationsregeln darstellen (vgl. LUM78, S. 26).

Integritätsbedingungen bestimmen das Verhalten des Anwendungsmodells bei Veränderungen und reflektieren somit die dynamischen Vorgänge bei Anwendungen. Jede Veränderung der Datenbank muß, ehe sie durchgeführt wird, mit den Integritätsregeln verglichen werden. Danach kann entweder die Veränderung zugelassen, abgelehnt oder weitere Informationen angefordert werden. Während die gedankliche Trennung zwischen Integritäts- und Anwendungsmodellierung durchaus hilfreich für das Verständnis ist, kommen bei der praktischen Realisierung prinzipiell zwei Möglichkeiten (vgl. SCH77) in Betracht, Integritätsbedingungen zu beschreiben und deren Einhaltung zu garantieren:

1) Im Schema werden zur Datenstrukturbeschreibung einfache Konzepte verwendet und die Integrität der Datenbank wird bei Veränderungen durch separat zu bestimmende Konsistenzbedingungen reguliert. Das Relationenmodell verwendet diesen Ansatz, indem es als einzige Datenstruktur die Relation zuläßt und die Konsistenzbedingungen zusätzlich formuliert. Auf welche Art und Weise diese Bedingungen in die Problemstellung integriert werden, hängt vom Basissystem ab. So definiert System R ASSERTIONS oder TRIGGERS, welche die vom Benutzer gestellte Anfrage unverändert lassen (CHA76), während INGRES (HEL75) die Konsistenzbedingungen selbständig in die Anfragen einbaut und so das Benutzerprogramm modifiziert.

2) Die Integritätsbedingungen sind bereits in den Datenstrukturen enthalten. Bei diesem Ansatz, wie er von IMS und DBTG, aber auch von allen semantischen Datenmodellen benutzt wird, sind zusätzliche Konsistenzdefinitionen oft unnötig.

Nachfolgendes Beispiel soll diesen wesentlichen Unterschied weiter verdeutlichen. Im Relationenmodell nach der Abb. 2.19 ist die Beziehung, daß ein Mitarbeiter bestimmte Fähigkeiten besitzt, durch die Relation BESITZT ausgedrückt. Um zu garantieren, daß für diese Tabelle keine Daten zugelassen werden, die nicht auch in FÄHIGKEITEN enthalten sind, muß ein zusätzliches Sprachkonstrukt vorhanden sein. Sowohl in IMS als auch bei DBTG-Datenbanken ist diese Integritätsbedingung bereits in den Datenstrukturen enthalten. Die Korrektheit der Datenbank wird entweder durch die hierarchische Sequenz oder durch einen SET garantiert[1].

Die Beschreibung von Integritätsbedingungen bezieht sich immer auf die Datenstrukturen eines Datenmodells. Man kann ganz allgemein sagen, daß je reicher der Vorrat an Datenstrukturen ist, umso weniger Sprachkonstrukte müssen zur Formulierung von Konsistenzregeln in der DDL vorhanden sein und zum Verarbeitungszeitpunkt abgeprüft werden. Die zusätzliche Komplexität bei den Datenstrukturen führt im Regelfall zu einer verbesserten Wirksamkeit des Basissystems, bedeutet aber gleichzeitig einen erheblichen Aufwand, wenn Integritätsregeln geändert werden müssen, da durch die Vermengung von Konzepten zur Beschreibung von Datenstrukturen, von Zugriffspfaden und von Konsistenzregeln eine Modifikation einer Komponente ohne Auswirkungen auf die anderen Teile nur schwer möglich ist.

Integritätsregeln bestehen ganz allgemein aus vier verschiedenen Teilen:

1) Der Beschreibung der Integritätsbedingung
   Dies geschieht entweder explizit durch die DML, durch Anweisungen in der DDL oder implizit durch die Datenstrukturen.

2) Den Operationen
   Sie bringen die Bedingungen zur Anwendung, z. B. INSERT, DELETE, UPDATE, READ. Es gibt Integritätsregeln, die sofort überprüft werden müssen, und solche, deren Einhaltung für eine gewisse Zeit suspendiert werden kann oder sogar muß.

---

[1] Siehe hierzu ASSERTION A4 und die nachfolgenden Beispiele.

3) Den Datenstrukturen oder Datenstrukturausprägungen
Ihre Modifikation zieht die Anwendung der Integritätsbedingung nach sich.

4) Den Reaktionsregeln
Sie geben an, welche Aktionen bei der Verletzung einer Integritätsregel in Kraft treten sollen. Hierbei muß zwischen existierenden und neu zu definierenden Integritätsregeln unterschieden werden. Falls eine Konsistenzbedingung, die neu aufgesetzt wird, dem aktuellen Zustand der Datenbank widerspricht, muß sie zurückgewiesen werden. Im Falle der Verletzung existierender Regeln durch eine Operation muß entweder die Operation abgelehnt oder auf die Inkonsistenz hingewiesen werden und es müssen zusätzliche Informationen angefordert werden.

Konsistenzbedingungen müssen für alle Objekttypen definiert werden können. Bezogen auf die hier diskutierten Datenmodelle sollen die Konsistenzgarantien für Attribute, für Aggregate und für Verbindungen näher untersucht werden.

2.2.4.1 Konsistenz von Attributen

Unter diesen Konsistenzbedingungen werden in der Sprechweise des Relationenmodells die Beschreibungen der Domänen (Domaindefinition) verstanden, sie enthalten neben der Bestimmung der Wertemenge dieses Attributs deren genaue Spezifikation. Diese Angaben umfassen zumindest den Datentyp und dessen Länge. Daneben kann noch beschrieben werden, ob es sich um einen Schlüssel handelt, ob ein noch-nicht-definierter Wert (NULL) zugelassen ist und ob Duplikate erlaubt sind (DUPLICATES ARE ALLOWED). Diese Integritätsregeln werden als Basistypen bezeichnet und sind bereits aus den Programmiersprachen bekannt. Sie sollen hier mit Ausnahme des nachfolgenden Beispiels nicht weiter behandelt werden.

Es ist oft notwendig, zu beschreiben, innerhalb welcher Ober- und Untergrenzen ein Wert einer Attributmenge liegen darf oder welche Werte überhaupt zulässig sind. IMS läßt diese Prüfung im Verantwortungsbereich des Anwendungsprogramms, während relationale Datenbanksysteme solche Konsistenzbedingungen im Schema spezifizieren können. Wenn z. B. ausgedrückt werden soll, daß das Attribut GESCHL in MITARBEITER nur die Ausprägungen 'männlich' und 'weiblich' annehmen kann, so ist dies im System R wie folgt zu formulieren:

```
ASSERT A1 ON MITARBEITER : GESCHL IN ('M', 'W');
```

Das Schlüsselwort ASSERT steht dabei für die Konsistenzbedingung, die hier A1 genannt wurde. Mit Hilfe der ON-Bedingung wird der relevante Objekttyp bestimmt. Im Falle von DBTG-Datenbanken ist es auf zwei Arten möglich, solche Konsistenzbedingungen zu formulieren. Man benutzt dazu Datenbankprozeduren oder explizite Definitionen. Für obiges Beispiel wäre folgende Schreibweise denkbar:

```
RESULT OF PROCEDURE EINFÜGEN
ON CHANGE TO GESCHL OF THIS RECORD
```

Neben dieser direktiven Definition ist eine zweite explizite Spezifikation möglich:

```
GESCHL...CHECK VALUE IS 'M' OR 'W'
```

Bei semantischen Datenmodellen werden Notationen vorgeschlagen, die den obigen entsprechen. So sieht z. B. TAXIS einen Datentyp RECORD vor, bei dem Domänendefinitionen möglich sind (vgl. MYL80c, S.191).

2.2.4.2 Konsistenz von Aggregaten

Der Begriff "Satz" wird hier synonym zu dem Begriff "Aggregat" gebraucht, wenn es sich um die Repräsentation von Einzelattributtypen handelt. Aggregate sind eine Form zur Darstellung von Beziehungen und demnach gleichzeitig Träger von Integritätsregeln. Welche Konsistenzregeln im Einzelfall beschrieben werden, hängt ganz wesentlich vom Aufbau des Aggregats ab. Für das Relationenmodell ist dafür die Normalisierung als Lehre vom Satzaufbau entwickelt worden. Eine wesentliche Erkenntnis dieser Forschung war, daß bei der Beachtung von funktionalen Abhängigkeiten, d.h. alle Nichtschlüsselattribute müssen funktional von den Schlüsselattributen abhängen, bereits ein Teil der Regeln definiert ist, die einen konsistenten Zustand im Veränderungsfalle gewährleisten. Die Normalisierung ist jedoch nicht auf das Relationenmodell beschränkt, sondern gilt gleichermaßen für alle Datenbanksysteme, welche Beziehungen von Einzelattributen durch Sätze darstellen.

Neben der Gewährleistung der funktionalen Abhängigkeiten wird nachfolgend die Art und Weise behandelt, wie bedingte und unbedingte Konsistenzbeziehungen definiert werden und welche Rolle der Zeitpunkt der Abprüfung einer Integritätsregel spielt.

1) Funktionale Abhängigkeiten

   Funktionale Abhängigkeiten werden durch die Definition von Schlüsseln beschrieben. Sie garantieren, daß doppelte Satzausprägungen nicht möglich sind. Welche Attribute zu einem Satz zusammengefügt werden, hängt von der Anwendung ab. Die Aufrechterhaltung der funktionalen Abhängigkeiten ist dann gewährleistet, wenn sich die Sätze entweder in der dritten Normalform befinden oder zusätzliche Konsistenzbedingungen formuliert sind, die die Semantik der Aggregate beschreiben. Bei IMS, DBTG und den semantischen Datenmodellen geschieht dies durch reichhaltige Typisierungsmöglichkeiten. Bei relationalen Modellen hingegen ist diese Konsistenzbeschreibung explizit zu erstellen.

2) Bedingte Konsistenzregeln

Integritätsregeln können, wie bisher beschrieben, generell für alle Ausprägungen von Sätzen angewendet oder aber für spezielle Bedingungen einzeln überprüft werden. So laute z. B. eine Organisationsrichtlinie, daß Programmierer immer mehr als DM 10.000 verdienen müssen. Bei semantischen Datenmodellen werden zusätzliche Prädikate zu den Attributtypen formuliert. System R verlangt die Formulierung einer Anweisung, wie sie in Abb. 2.21 gezeigt wird.

Abb. 2.21: Bedingte Konsistenzregel

```
ASSERT A2 ON INSERT OF MITARBEITER (PNR)
          IF TITEL = 'PROGRAMMIERER'
          THEN GEHALT > 10000
```

DBTG und IMS können diese Bedingungen nicht formulieren und überlassen die Überprüfung solcher Kontrollen zusätzlichen Anwendungsprogrammen.

3) Zeitpunkt der Konsistenzprüfung

Alle bisher behandelten Integritätsregeln sind von der Art, daß sie unmittelbar überprüft werden und entweder den Wert 'wahr' oder 'falsch' zurückgeben und dementsprechend eine Operation entweder zurückweisen oder zulassen. Es gibt jedoch Anwendungen, die durch eine solche Vorgehensweise nicht realisierbar wären. Wenn z. B. das Gehalt eines Mitarbeiters erhöht wird, sollte garantiert sein, daß das neue Gehalt höher als das alte Gehalt ist. Es muß also ein Zeitraum zugelassen sein, zu dem beide Werte verfügbar sind. Beim System R geschieht dies durch die Schlüsselworte OLD und NEW.

```
ASSERT A3 ON UPDATE OF MITARBEITER (GEHALT)
          NEW GEHALT > OLD GEHALT
```

Es kann darüber hinaus vorkommen, daß sich zwei Konsistenzbedingungen zu einem Zeitpunkt während der Nutzung der Datenbank widersprechen. Wenn z. B. ein Mitarbeiter immer einer Abteilung zugeordnet sein muß, dann braucht beim Einfügen des Mitarbeitersatzes die Zuordnung zu einer Abteilung in der Datenbank noch nicht realisiert zu sein. Die Überprüfung der jeweiligen Konsistenzbedingung muß dann bis zum Transaktionsende suspendiert werden.

Wenn Konsistenzbedingungen separat in einem Integritätsteil des Schemas definiert werden können, dann ist es möglich, den jeweiligen Zeitpunkt der Überprüfung zu bestimmen. Für IMS muß dies durch ein Anwendungsprogramm und unter der Verantwortung eines Programmierers geschehen. Die DBTG hingegen sieht sog. ON-Bedingungen vor. Diese haben die Eigenschaften, wie sie von Programmiersprachen her bekannt sind und werden durch die nachfolgende generelle Syntax beschrieben.

ON <Speicheroperation> CALL <Prozedur>

2.2.4.3 Konsistenz von Beziehungen

Am schwierigsten und aufwendigsten ist die Konsistenzgarantie für Beziehungen. Häufig kennen die Benutzer nicht die Auswirkungen ihrer Anwendungen auf andere Bereiche. Man bezeichnet diese Art von Integritätsregeln auch als die Spezifikationen der Abhängigkeiten bei Einfüge- und Löschoperationen (s. MUE78, S.200ff).

Im Relationenmodell können Beziehungsklassen nicht mehr in der Datenstruktur definiert werden, sondern müssen durch eine explizite Auflistung von Regeln ersetzt werden, die das Löschen, Einfügen und Fortschreiben von Tupeln kontrollieren. Da beim Relationenmodell alle Konzepte getrennt von der Datenstruktur dargestellt werden, können sehr leicht die Kosten dieser benutzerfreundlichen, einfachen Datenstrukturen für das Integritätssystem aufgezeigt werden.

1) Garantie durch identifizierende Mengen
Häufig kommt es vor, daß die Werte eines Attributs eine echte oder unechte Teilmenge der Wertemenge eines Attributs einer anderen Tabelle sein müssen. So sollte z. B. die Personalnummer (PNR) in BESITZT auch in der Relation MITARBEITER enthalten sein. Im System R wird dies, wie in Abb. 2.22 gezeigt, beschrieben, während IMS und DBTG diesen Fall implizit innerhalb von Datenstrukturen abhandeln.

Abb. 2.22: Konsistenz von abhängigen Objekten

```
ASSERT A4: (SELECT PNR FROM BESITZT)
           IS IN
           (SELECT PNR FROM MITARBEITER)
```

Eine ähnliche Konsistenzbedingung wie A4 ist auch immer dann zu beschreiben, wenn sich eine Tabelle einer relationalen Datenbank nicht in der dritten Normalform befindet. Die Repräsentationen von Beziehungen in den übrigen Datenmodellen ermöglichen das Löschen von Fähigkeiten, ohne daß MITARBEITER beeinträchtigt wird, und haben beim Löschen von Mitarbeitern zur Folge, daß auch deren Fähigkeiten verloren gehen.

2) Konsistenzgarantie durch "Trigger"
Bei Beziehungen ist es manchmal wünschenswert, daß beim Eintritt eines Ereignisses nicht allein eine Überprüfung der Konsistenz erfolgt, sondern zusätzliche Aktionen angeregt werden.

Im System R benutzt man dazu sogenannte "Trigger". Sie treten bei festgelegten Vorfällen in Aktion und erhalten semantische Beziehungen aufrecht, die dem Benutzer eventuell verborgen bleiben, oder lösen Meldungen aus, z. B. wenn der Lagerbestand unter einen Mindestvorrat gefallen ist. Trigger sind vor allem dann notwendig, wenn durch Veränderungsoperationen andere Datenstrukturen beeinflußt werden und für unterschiedliche Datenstrukturausprägungen alternative Reaktionen erfolgen sollen. Wenn ein Mitarbeiter ausscheidet, und demnach ein Tupel aus Mitarbeiter gelöscht wird, soll automatisch ein Eintrag in das Archiv gemacht werden. In Abb. 2.23 ist die Formulierung dieses Beispiels gezeigt.

Abb. 2.23: Trigger

```
DEFINE TRIGGER T1
ON DELETE OF MITARBEITER(PNR):
   INSERT PNR IN ARCHIV
```

Es ist nun denkbar, daß eine einzige Veränderungsoperation verschiedene Trigger aufruft. Diese werden in einer durch das System vorgegebenen Ordnung abgearbeitet. Da Trigger für jedes angesprochene Tupel überprüft werden und eine Operation viele Trigger nach sich ziehen kann, besteht die Gefahr, daß es zu unendlichen Schleifen kommt.

2.2.4.4 Konsistenz durch Datenstrukturen

Alle die Datenbanksysteme, die Beziehungen durch Datenstrukturen definieren, stehen bei Veränderungsoperationen der obigen Art vor dem Problem, daß sie feststellen müssen, ob die jeweilige zu verändernde Satzausprägung in einer weiteren - dem Benutzer nicht unbedingt bekannten - Beziehung verwendet wird. Falls dies der Fall ist, muß entschieden werden, ob die Satzausprägung global, d.h. für alle Beziehungen gültig, oder nur lokal, d.h. nur für die spezielle Beziehung gültig, verändert werden darf. Es müssen daher Sprachmittel in den jeweiligen DDL existieren, die es erlauben, die Mitgliedschaften von

Aggregaten in verschiedenen Beziehungen zu dokumentieren und deren gewünschtes Verhalten bei Veränderungen vorherzubestimmen.

Bei der DBTG werden dabei MEMBERSHIP-Klassen angegeben (vgl. CDA78). Jedes MEMBER muß innerhalb eines SETS Angaben besitzen, die regeln, was geschehen soll, wenn Ausprägungen des Satzes eingefügt (INSERTION-class) oder entfernt (RETENTION-class) werden. Im Einfügungsfalle stehen die beiden Optionen AUTOMATIC und MANUAL zur Verfügung, während im Entfernungsfalle die Optionen FIXED, MANDATORY oder OPTIONAL verwendet werden. Die MEMBERSHIP-Klasse eines Satzes regelt, wie in der DML die Befehle INSERT, REMOVE, MODIFY, STORE und DELETE interpretiert werden. Wenn z. B. die RETENTION-Klasse als FIXED definiert wurde, dann kann eine Satzausprägung des MEMBERS nur in dieser SET-Ausprägung auftreten und hat sonst in der Datenbank keine anderweitige Existenz. Die DML Anweisung DELETE würde also unmittelbar zur Entfernung des Satzes aus der Datenbank führen. Eine gewisse Modifikation dieser Regel bedeutet die Option MANDATORY, bei der eine Satzausprägung nur innerhalb eines Settyps auftreten kann, während durch die Spezifikation von OPTIONAL angedeutet ist, daß der Satz auch außerhalb des betreffenden SETS vorkommen kann. Ein DELETE bei einer MEMBERSHIP-Klasse OPTIONAL führt demnach nicht zum Entfernen des Satzes aus der Datenbank. Er bleibt global vorhanden, wenn andere SETS auf diese Satzausprägung noch Bezug nehmen und wird nur lokal für eine Verbindungsausprägung ungültig gesetzt.

Beim Einfügen eines neuen Satzes in einen SET kommt es vor allem darauf an, die Satzausprägung in die gewünschten Beziehungen, und dort eventuell an eine bestimmte Stelle, einzufügen. Wenn man diesen Vorgang dem Datenbanksystem überlassen möchte, beschreibt man die INSERTION-Klasse mit AUTOMATIC, und falls dies durch das Anwendungsprogramm, und damit benutzergesteuert, geschehen soll, verwendet man im Schema die Option MANUAL. Aus der Abb. 2.24 ist zu ersehen, daß hier die Fähigkeiten der Mitarbeiter erst dann gelöscht werden dürfen, wenn der letzte Mitarbeiter mit dieser Ausbildung das Unternehmen verlassen hat. Ebenso kann das Einfügen einer neuen Fähigkeit nicht dem System überlassen bleiben, da es keine Informationen darüber besitzt, welchen Mitarbeitern diese Fähigkeit zugeordnet werden soll.

Abb. 2.24: Konsistenzgarantie durch Datenstrukturen

```
(1) SET NAME IS BESITZT;
(2) OWNER IS MITARBEITER;
(3) MEMBER IS FÄHIGKEIT;
(4) INSERTION IS MANUAL;
(5) RETENTION IS OPTIONAL;
```

Vom Prinzip her identisch wie für DBTG, behandeln auch IMS und die semantischen Datenmodelle die Mitgliedschaften derselben Informationen in verschiedenen Datenstrukturen. Bei den semantischen Datenmodellen bilden die abstrakten Objekte zusammen mit der Charakterisierung von Typen die Mittel, um die besprochenen Fälle von Konsistenzbedingungen implizit durch die Datenstrukturen zu modellieren.

Für die Konsistenzbedingungen gilt im Prinzip dieselbe Aussage, die auch schon für die Beschreibung von Beziehungen gemacht wurde. Die explizite Überprüfung von Konsistenzregeln ist außerordentlich teuer und erhöht die Antwortzeiten des EUS, während auf der anderen Seite erst diese Form der Integritätsbestimmung den weniger geschulten Verwendern den Zugang zum Rechner erschließt.

2.3 Anwendungsmodellierung

Übergeordnet der Abbildung von Daten und deren Beziehungen ist die Modellierung der dynamischen Abläufe und Funktionen von Anwendungen. Sie sind das Gegenstück zu den Aufgaben der Anwendung und können beim Einsatz die Datenbank verwenden oder verändern.

Benutzerfreundliche Endbenutzersysteme enthalten daher neben einer strukturellen auch eine prozeßorientierte Abbildung einer Anwendung. Datenmodelle liefern Konzepte, die sich mit der Handhabung und Beschreibung großer Datenmengen befassen. Dies ist jedoch unvollständig, da EUS neben statischen und strukturellen Eigenschaften auch ein dynamisches und ablauforientiertes Verhalten aufweisen. So zeigt z. B. die Relation "MASCHINENBELEGUNG" in Abb. 2.25 nur die Struktur einer Anwendung. Erst mit der Beschreibung des Verhaltens bei Einfüge-, Lösch- oder Änderungsvorgängen ist die Modellierung der Anwendung vollständig.

Abb. 2.25: Strukturrepräsentation

MASCHINENBELEGUNG(MASCH.NR;PRODUKT;BEGINN.ZEIT;ENDE.ZEIT;AUFSICHT)

Aus der Sicht von Endbenutzern bilden die Datenmanipulationsoperatoren nur einen kleinen Teil der notwendigen Verarbeitungsanforderungen. Sie erlauben, eine vorgegebene Struktur abzufragen oder inhaltlich zu verändern. Letztendlich entsprechen jedoch diese Operatoren nicht primär den Aufgaben einer Anwendung. Die Benutzernähe und damit die Produktivität bei der Aufgabenerfüllung ist höher, wenn Operationen vorhanden sind, die einer elementaren Aufgabe der Anwendung entsprechen. So könnte z. B. eine Operation "MASCHINENBELEGUNG" für eine ganze Produktgruppe die Zuordnung und Einteilung von Maschinen und Personal vornehmen. Aus der Sicht des Basissystems handelt es sich dabei um eine Folge von Einfügungen in die Relation "MASCHINENBELEGUNG", wobei sowohl eine Zeiteinteilung durchgeführt wird als auch die benötigten Aufsichtspersonen zugeordnet werden. Abläufe, die einem elementaren Vorgang in einer Anwendung entsprechen, sollen Benutzeroperatoren genannt werden.

Der Einsatz von Benutzeroperatoren ist nur für transaktionsorientierte Systeme routinemäßig vorherplanbar, bei EUS müssen sie dynamisch angefordert werden können. Das heißt nicht, daß die Funktionen dann erst in einer höheren Programmiersprache geschrieben werden müssen, sondern nur, daß ein Dialogteil zu einem oder mehreren in der Methodenbank vorhandenen Softwarebausteinen verwendet wird. Auf diese Weise können Anwendungen auf sehr hoher Ebene erstellt werden. Diese dynamischen Aspekte von EUS sind Gegenstand dieses Abschnitts. Am Beispiel des Rechnungswesens soll gezeigt werden, was unter einem Anwendungsmodell zu verstehen ist, und wie Benutzeroperationen beschrieben und in das System integriert werden können.

2.3.1 Kostenrechnung als Anwendungsbeispiel

In der entscheidungsorientierten Kostenrechnung wird das Unternehmensgeschehen als vieldimensionales, sequentielles Gefüge von Maßnahmen unterschiedlicher sachlich-zeitlicher Dimensionen aufgefaßt, das es logisch eindeutig abzubilden gilt. Die in fallbezogenen und standardisierten Zweckrechnungen benötigten Funktionen werden weitgehend in einem System von Grundrechnungen bereitgehalten, bei deren Entwurf kein Rechnungszweck dominieren sollte (vgl. RIE82, S.93). Zur Realisierung eines EUS für die Kostenrechnung ist es notwendig, diese Anwendung in ihrem Zusammenhang zum gesamtbetrieblichen Informationssystem zu sehen. In Abb. 2.26 ist eine schematische Darstellung der Integration des Rechnungswesens in eine Hierarchie von Anwendungen gegeben. Die Geld- und Mengenströme eines Unternehmens werden in einer Datenbasis registriert, die mit verschiedenen anwendungsunabhängigen Methoden bearbeitet werden können. Ausgehend von einer Anwendungsstruktur für das Rechnungswesen kann dann z. B. ein EUS für verschiedene Anwendungszwecke entworfen werden.

Abb. 2.26: Ebenenstruktur des Rechnungswesens

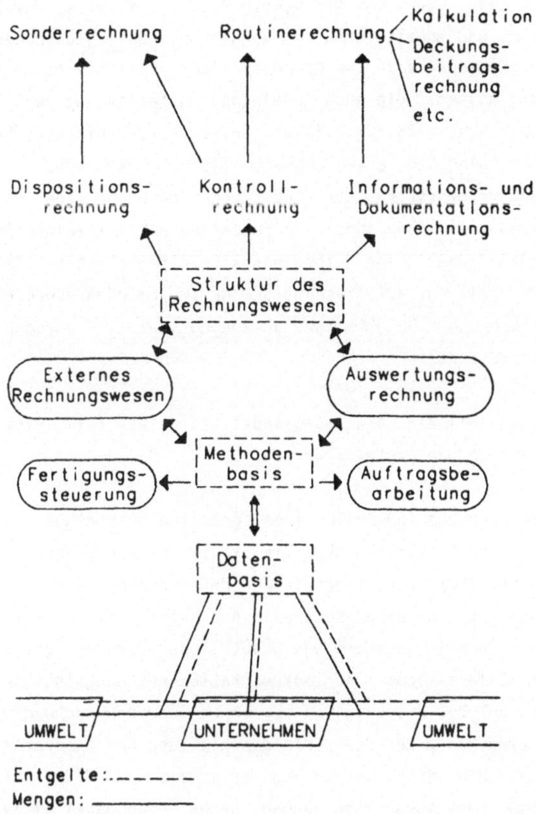

Eine entscheidungsorientierte Kostenrechnung hat zum Ziel, neben der Berechnung der Herstellkosten des Produktionsprogramms, die Auswirkungen, der über die eigenen Handlungsparameter hinaus bedeutsamen sonstigen Einflußfaktoren aufzuzeigen. Dazu müssen jedem einzelnen Produkt nach dem Verursachungsprinzip die entsprechenden Kosten zugerechnet werden können. Allerdings verdienen auch die Wechselwirkungen der Einflußgrößen untereinander Beachtung. So kann es z. B. sein, daß ein Produkt zwar zu einem geringeren Preis als seine Herstellkosten verkauft wird und damit Verluste verursacht, daß jedoch der Verlust unter dem Fixkostenanteil des Produkts liegt. Als Fixkosten bezeichnet man alle die Kosten, die auch bei einer Unterlassung der Produktion anfallen. Die Abb. 2.26 symbolisiert einen hierarchischen Übergang von anwendungsneutralen zu anwendungsspezifischen Konzepten, wobei die Zahlungs- und Mengenströme der Umwelt und innerhalb einer Unternehmung in einer Datenbasis ohne spezielle Beachtung der einzelnen Anwendungen erfaßt werden. Über eine Methodenbank greifen einzelne Anwendungen, z. B. die Buchhaltung, auf diese Datenbank zu, um dann jeweils geeignete Repräsentationen und Objekte für anwendungsspezielle Berechnungen und Auswertungen zu erhalten.

Nachfolgend soll ein Anwendungsmodell für einen Teil einer betrieblichen Kostenrechnung erstellt werden.

Die Kostenrechnung innerhalb eines größeren Unternehmens zerfällt in eine Routine- und Sonderrechnung. Die Routinerechnung dient zur Erstellung von Daten, die zur finanziellen Unternehmenssteuerung verwendet werden. Sie ist in eine Kontroll- und eine Dokumentationsrechnung untergliedert, wobei letztere aus gesetzlichen Gründen gefordert wird. Das Ziel der Informations- und Dokumentationsrechnung ist die Zuordnung aller Kosten auf die Produkte, entsprechend dem Verursachungsprinzip, um einerseits eine Basis für die Erfolgsermittlung und andererseits Informationen über die Mittelverwendung zu erhalten. Hier soll nur die Sonderrechnung herausgegriffen werden, da es sich dabei um Berechnungen handelt, die oft "ad hoc" erstellt werden müssen und ein hohes Maß an Anwendungswissen voraussetzen. Sonderrechnungen werden entweder zur Disposition neuer oder zur Kontrolle bereits getroffener Entscheidungen durchgeführt. Hier sollen nur die dispositiven Entscheidungen betrachtet werden. Man kann dabei unterscheiden, ob es sich um einmalige Entscheidungen handelt oder ob Richtlinien erarbeitet werden sollen, die generell als Hilfen für weitere, ähnlich gelagerte Fälle dienen. Zu den einmaligen Vorgängen zählen z. B. die Investitions- und die Produktionsentscheidungen. Meist ist dabei zwischen Alternativen zu wählen, so z. B. ob ein Produkt weiterverarbeitet oder verkauft werden soll. Zur Beurteilung von Alternativen sind Entscheidungsrichtlinien notwendig, wozu zum einen genaue Kenntnis des aktuellen Zustands der Anwendung erforderlich ist, zum anderen aber auch Erfahrungswerte herangezogen oder Prognosen für die Zukunft gemacht werden müssen.

Die Kosten leiten sich aus den operativen Daten eines Unternehmens ab und sind selbst nur ein Abbild der realen Vorgänge. Nachfolgend soll anhand eines ausgewählten Teils der Kostenrechnung gezeigt werden, auf welche Weise - aufbauend auf den bisherigen Strukturkonzepten - die benutzernahen Elemente von Anwendungen modelliert werden können, so daß spontan vom Arbeitsplatz aus Analysen mit einem EUS durchgeführt werden können.

2.3.2 Komponenten eines Anwendungsmodells

Bei der Beschreibung von Anwendungsaspekten wird zwischen der Abbildung der Struktur und den Operatoren zur Unterstützung einer Anwendung unterschieden (vgl. MCL81, S.28, STU82,S.32). Die Anwendungsstruktur dient zur Klassifizierung und Zerlegung einer Anwendung in Teilaktivitäten, wobei es unwesentlich ist, mit welchen Hilfsmitteln, die jeweilige Teilaktivität ausgeführt werden kann. Dies geschieht erst durch die Zuordnung von Operatoren zu Teilaktivitäten der Anwendungsstruktur. Dabei ist es durchaus realistisch anzunehmen, daß einige Funktionen maschinell, andere von Menschen ausgeführt werden. Ein Anwendungsmodell besteht demnach zumindest aus zwei Teilen: der repräsentationsunabhängigen Anwendungsstruktur und den dieser Struktur zugeordneten Benutzeroperatoren. Der letzte Teil soll nachfolgend als Methodenstruktur bezeichnet werden. Bei der Entwicklung von Anwendungsmodellen kann man somit drei Schritte und zwei logische Komponenten unterscheiden:

1) Der Anwendungsadministrator entwickelt einen Graphen, der die Abhängigkeiten der Anwendung beschreibt und der einem Benutzer als Auskunftssystem dienen kann. Die Knoten dieses Graphen enthalten ausschließlich beschreibende Informationen (vgl. Abb. 2.28), die dem Benutzer helfen, sich in der Anwendung zurechtzufinden. In IDAMS wird dazu die IUGS-Komponente (ERB75) (IUGS = Interactive User Guidance System) benutzt, die ausgehend von einer globalen Beschreibung zu einer immer feineren Spezifizierung der Anwendung gelangt (vgl. Abb. 2.29). Am Ende dieses Vorgangs kommt man zu einer Beschreibung von nicht weiter zerlegbaren Benutzeroperatoren.

2) Jeder Eintrag im Anwendungsstrukturgraphen (vgl. dazu STU82) muß durch einen parallelen Knoten in einem separaten Graphen, dessen Aufbau systemgestützt gleichzeitig mit der Anwendungsstruktur erfolgt, ergänzt werden. Diese Struktur soll Methodenstrukturgraph (vgl. Abb. 2.30) genannt werden, wobei jeder Knoten Informationen über Aktionen enthält, die nach Ansicht des Entwicklers oder Benutzers notwendig sind, um die Beschreibungen im Anwendungsstrukturgraphen auszuführen. Die Benutzeroperatoren werden durch einen Namen und ihre Parameter definiert und folgen in ihren gegenseitigen Abhängigkeiten dem Anwendungsstrukturgraphen. Die Methoden sind in weitere Teiloperatoren zerlegbar. Die Zusammensetzung und die Verarbeitungsfolge übergeordneter Methoden wird durch die Kanten des Methodenstrukturgraphen festgelegt.

3) In der dritten Phase wird der Methodenstrukturgraph analysiert und in die Anwendungsstruktur integriert, wobei jeder Benutzeroperator in einen Dialogteil und einen Rechenteil zerlegt wird. Unter einem Dialogteil soll die Einrichtung verstanden werden, die der Beschreibung und Einordnung der Funktion in das Schema dient. Vom Benutzer aus gesehen ist die Beschreibung des Dialogteils unabhängig vom verwendeten Datenbanksystem, dem Methodenbanksystem oder dem Rechenteil. Der Rechenteil besteht aus den Algorithmen, die zur Ausführung der Anwendungsfunktion benötigt werden. Er ist normalerweise in einer höheren Programmiersprache geschrieben, wird in der Methodenbank

gespeichert und enthält Parameter für die vom Benutzer im Dialogteil spezifizierten Ein- oder Ausgabedaten.

Benutzeroperatoren kommen auf allen hierarchischen Ebenen einer Organisation vor. Bezogen auf eine Graphenstruktur brauchen die Operatoren an den Blättern nur mit Parametern versorgt zu werden, um ausführbar zu sein, während alle Knoten, die höhere hierarchische Ebenen und Aufgabenstellungen symbolisieren, eine Anwendungsentwicklungssprache erfordern, welche die Reihenfolge der Operatorausführung, die Behandlung von Ausnahmesituationen und die Ergebnisaufbereitung steuert. Da Benutzeroperatoren zumeist auf Datenbanken zugreifen, muß eine Beziehung zu den Daten hergestellt werden. Dies kann erreicht werden, wenn zu den Ein- und Ausgabestrukturen, wie sie im Dialogteil beschrieben werden, auch die Datentypen der Datenbank gehören. Die konkrete Bereitstellung von Ausprägungen geschieht dann mit Hilfe der jeweiligen Datenmanipulationssprache (DML). Bei IDAMS wird zur Integration von Daten und Programmen die Sprache EQBE (BER76) verwendet, wobei es sich um eine ausschließlich zur Handhabung von Daten geschaffenen Sprache handelt. Alle weiteren Funktionen jedoch können in APL programmiert und dem Benutzer maßgeschneidert zur Verfügung gestellt werden. Damit erfüllt APL für IDAMS die Aufgaben einer Anwendungsentwicklungssprache.

2.3.2.1 Anwendungsstruktur

Die Erstellung einer Anwendungsstruktur dient zum einen dem Endbenutzer als Mittel zur Identifikation einer für seine Aufgabe geeigneten Anwendungsfunktion, zum anderen wird die Anwendung, ausgehend von dem allgemeinsten Konzept, in immer speziellere Teilaktivitäten zerlegt. Eine Teilaktivität wird nachfolgend auch als Anwendungsfunktion bezeichnet, um ihren nur beschreibenden Charakter von der eigentlichen Ausführung abzuheben. In Abb. 2.27 ist ein Anwendungsstrukturgraph für die Kostenrechnung abgebildet. Es handelt sich dabei nur um einen Teil einer umfangreichen Anwendungsstruktur, die im Rahmen einer Fallstudie unter Verwendung von IDAMS erstellt wurde (s. HER81).

Bei IDAMS ist ein Anwendungsstrukturgraph ein gerichteter Graph mit ausschließlich disjunktiven Knoten. Dabei führt von jedem Knoten, der beschreibende Informationen für eine Anwendungsfunktion enthält, eine Kante zu einer oder mehreren dazugehörenden spezielleren Anwendungsfunktionen . Die Knoten sind insofern disjunktiv, als die Teilfunktionen, die zum Nachfolgeknoten gehören, Alternativen bilden, d. h. es wird zu einem Zeitpunkt immer nur eine dieser Teilfunktionen ausgeführt.

Abb. 2.27: Anwendungsstruktur Kostenrechnung

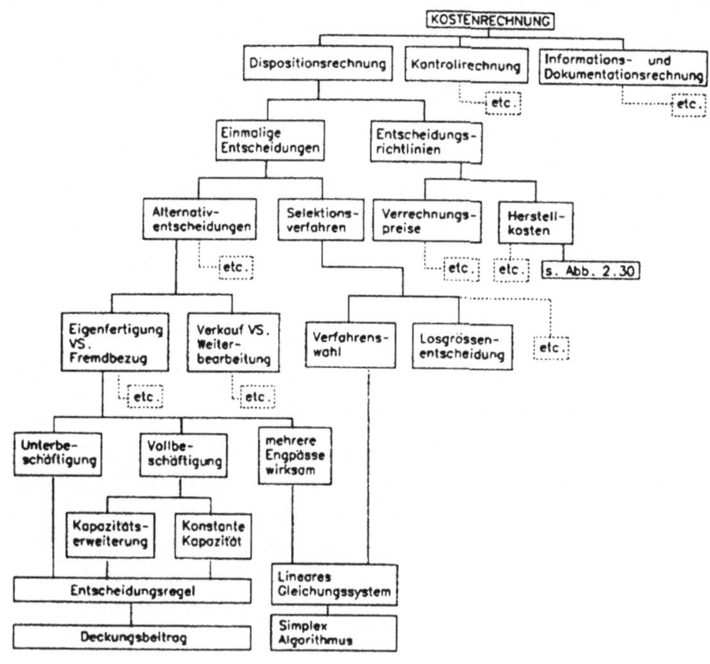

Die Anwendung "Kostenrechnung" - wie sie hier gesehen wird - besteht aus den drei alternativen Teilfunktionen "Dispositionsrechnung", "Kontrollrechnung" und "Dokumentationsrechnung". Auf der nächsten Ebene zerfalle die Dispositionsrechnung in die Nachfolgeknoten "Einmalige Entscheidungen" und "Entscheidungsrichtlinien". Einmalige Entscheidungen können entweder "Alternative Entscheidungen" oder die "Selektion aus mehreren Möglichkeiten" zum Gegenstand haben. In unserem Falle habe z. B. ein Endbenutzer die Aufgabe, zu entscheiden, ob eine bestimmte Baugruppe eigengefertigt oder von einem Lieferanten bezogen werden soll. Dazu sind Informationen über den Beschäftigungsstand der betroffenen Fertigungsstellen notwendig. In diesem Kontext sollen Entscheidungen nur auf der Basis monetärer Entscheidungskriterien vorbereitet werden, wozu z. B. in Abb. 2.28 im Knoten "Entscheidungsregeln" die nachfolgenden beschreibenden Informationen vorgegeben seien.

Abb. 2.28: Beschreibende Informationen

```
SITUATION: UNTERBESCHÄFTIGUNG--KEIN ENGPASS
KRITERIUM: DECKUNGSBEITRAG
           Die Funktion "DECKUNGSBEITRAG"
           berechnet für einen kurz-, mittel-
           oder langfristigen Zeitraum den
           Anteil an der Deckung der fixen
           Kosten.
EINGABE  : PRODUKT,BESCHÄFTIGUNGSGRAD,FRIST.
AUSGABE  : DECKUNGSBEITRAG PRO STÜCK
REGEL    : ENTSCHEIDUNGSREGEL
           Fremdbezug, wenn DBvar < 0 und
           DBfix >0, sonst Eigenfertigung
```

Wie an diesem Beispiel zu sehen ist, stellt ein Anwendungsstrukturgraph keine datenflußorientierte, sondern eine ausschließlich auf die Anwendung bezogene Strukturierung dar. Dem Benutzer werden Hilfsmittel zur Verfügung gestellt, um in diesem Graphen zu navigieren und sich über die Anwendung, den Inhalt und die Datenanforderungen der angebotenen Funktionen zu unterrichten. Der Graph in Abb. 2.27 wird bei IDAMS in der in Abb. 2.29 dargestellten Form repräsentiert. Zur Unterstützung des Anwenders sind Suchhilfen vorhanden, die es erlauben, direkt oder sequentiell einzelne Knoten oder ganze Pfade innerhalb der Anwendung auszuwählen.

Abb. 2.29: Repräsentation der Anwendungsstruktur bei IDAMS

```
 1  KOSTENRECHNUNG
 2  | DISPOSITIONSRECHNUNG
 3  | | EINMALIGE ENTSCHEIDUNGEN
 4  | | | ALTERNATIV ENTSCHEIDUNGEN
 5  | | | | EIGENFERTIGUNG VS. FREMDBEZUG
 6  | | | | | UNTERBESCHAEFTIGUNG
 7  | | | | | | ENTSCHEIDUNGSREGEL
 8  | | | | | | | DECKUNGSBEITRAG
 9  | | | | | VOLLBESCHAEFTIGUNG
10  | | | | | | KAPAZITAETSERWEITERUNG
11  | | | | | | | ENTSCHEIDUNGSREGEL
12  | | | | | | | | DECKUNGSBEITRAG
13  | | | | | | KONSTANTE KAPAZITAET
14  | | | | | | | ENTSCHEIDUNGSREGEL
15  | | | | | | | | DECKUNGSBEITRAG
16  | | | | | MEHRERE ENGPAESSE WIRKSAM
17  | | | | | | LINEARES GLEICHUNGSSYSTEM
18  | | | | | | | SIMPLEX ALGORITHMUS
19  | | | | | etc.
20  | | | | VERKAUF VS. WEITERBEARBEITUNG
21  | | | | | etc.
22  | | | | etc.
23  | | | SELEKTIONSVERFAHREN
24  | | | | VERFAHRENSWAHL
25  | | | | | MEHRERE ENGPAESSE WIRKSAM
26  | | | | | | LINEARES GLEICHUNGSSYSTEM
27  | | | | | | | SIMPLEX ALGORITHMUS
28  | | | | LOSGROESSENENTSCHEIDUNG
29  | | | | etc.
30  | | ENTSCHEIDUNGSRICHTLINIEN
31  | | | VERRECHNUNGSPREISE
32  | | | | etc.
33  | | | HERSTELLKOSTEN
34  | | | | siehe ABB.II.30
35  | | | | etc.
36  | KONTROLLRECHNUNG
37  | | etc.
38  | INFORMATIONS- UND DOKUMENTATIONSRECHNUNG
39  | | etc.
40  FINANZBUCHHALTUNG
```

Der Anwendungsstrukturgraph ist nicht notwendigerweise ein Baum, sondern kann auch als Netzwerk aufgebaut werden. So wird z. B. die Funktion DECKUNGSBEITRAG von verschiedenen Stellen im Graphen verwendet. Ebenso können für verschiedene Entscheidungssituationen, z. B. "Verfahrenswahl" und die Alternativentscheidung "Eigenfertigung oder Fremdbezug" dieselben Operatoren verwendet werden - in diesem Fall z. B. ein lineares Gleichungssystem.

2.3.2.2 Methodenstruktur

Die Strukturierung einer Anwendung mit den Strukturierungsprinzipien, wie sie IDAMS anbietet, beinhaltet bereits die Zuordnung der Methoden zu den Anwendungsfunktionen. Allerdings sind die Operatoren nur den elementaren Anwendungsfunktionen, d. h. den Blättern des Anwendungsstrukturgraphen, beigeordnet. Für eine Beschreibung der zwischen den Anwendungsfunktionen bestehenden Zusammenhänge reicht dies nicht aus. In Abb. 2.30 ist ein Anwendungsstrukturgraph in Verbindung mit einem Methodenstrukturgraphen für das Anwendungsgebiet "Ermittlung der Herstellkosten" gezeigt. Die Rechtecke symbolisieren die Anwendungsfunktionen und die Ovale die Benutzeroperatoren. Die Darstellungsweise erfolgt in Anlehnung an STUDER (STU82, S.38ff, vgl. auch BAT79), der eine eingeschränkte Graphenstruktur vorschlägt, wobei die Kanten vier Typen von Strukturbeziehungen ausdrücken können:

1) Benutzeroperatoren haben "disjunktive Beziehungen", gekennzeichnet durch "A", wenn alle Benutzeroperatoren alternativ verwendet werden können. In Abb. 2.30 ist diese Situation bei dem Knoten "Kostenarten" gegeben.

2) Benutzeroperatoren haben "konjunktive Beziehungen", gekennzeichnet durch "K", wenn alle Benutzeroperatoren, die zu den Nachfolgeknoten gehören, zusammen ausgeführt werden müssen.

3) Benutzeroperatoren haben "sequentielle Beziehungen", gekennzeichnet durch "S", wenn alle Benutzeroperatoren, die zu den Nachfolgeknoten gehören, konjunktive Beziehungen haben, aber in einer bestimmten Reihenfolge ausgeführt werden müssen.

4) Benutzeroperatoren haben dann "Ein-/Ausgabebeziehungen", gekennzeichnet durch "E/A", wenn der Benutzeroperator des Knotens 'i' Daten erzeugt, die vom Operator des Knotens 'j' verwendet werden.

Die Strukturbeziehungen zwischen den Operatoren entsprechen genau den Strukturprinzipien des Anwendungsstrukturgraphen, wobei allerdings nicht jedem Knoten eine Operation zugeordnet zu sein braucht. Wie aus Abb. 2.30 zu ersehen ist, besteht der Graph aus Teilgraphen, die durch E/A-Beziehungen miteinander verbunden sind.

Abb. 2.30: Integration von Anwendungs- und Methodenstruktur

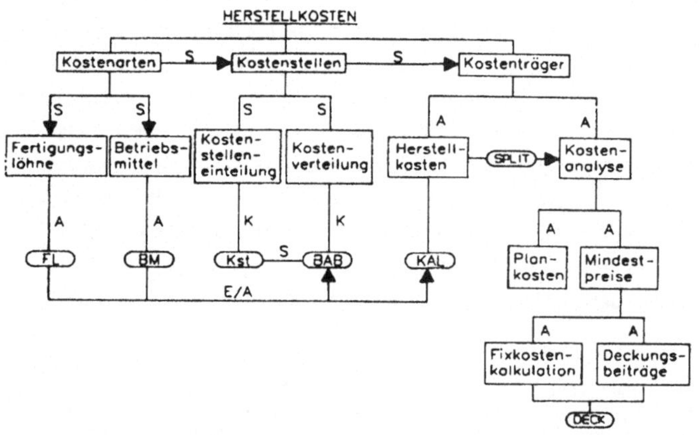

Die oben identifizierten Beziehungen können auf verschiedene Weise implementiert werden. So können z. B. in der Modelldefinitionssprache Konstrukte zur Verfügung gestellt werden, die es erlauben, diese Beziehungen bereits im Schema zu erfassen. Dies hat den Nachteil, daß Anwendungsbeziehungen festgeschrieben werden und nur schwer zu ändern sind, mit Ausnahme der Beziehungen an den Blättern der Graphen. Für EUS scheint diese Vorgehensweise zu aufwendig, wenn man in Betracht zieht, daß manche Entscheidungssituationen nur einmal auftreten und auch dann in ihrer Struktur meist nicht vorherplanbar sind. Die Strukturierungsprinzipien, wie sie in IDAMS vorgeschlagen worden sind, reichen aus, um den Endbenutzer über die benötigten Methoden zu informieren und ihn bei deren Einsatz zu unterstützen. Reichhaltige Strukturprinzipien, wie sie STUDER (STU82) und BARTH (BAT79) vorgeschlagen haben, sind hingegen notwendig und hilfreich, wenn routinemäßige Aufgaben mit Hilfe des Rechners im Dialog durchgeführt werden müssen.

2.3.3 Benutzeroperatoren

Das Gegenstück zu einer elementaren Anwendungsfunktion ist im Modell ein Benutzeroperator. Ein Anwendungsmodell besteht aus einer Anwendungs- und einer Methodenstruktur, die einer Anwendungsfunktion Benutzeroperatoren zuordnet. Durch einen Auswahlvorgang, der durch beschreibende Informationen in den Knoten der Anwendungsstruktur unterstützt wird, wählt der Anwender eine Anwendungsfunktion aus. Da man davon ausgehen kann, daß Endbenutzer keine intensiven Datenverarbeitungskenntnisse besitzen, ist es unbedingt notwendig, daß das EUS den Anwender auch bei der Auswahl der Operatoren und deren Handhabung unterstützt. Dabei wird insbesondere eine Dialogunterstützung für die Spezifizierung der Eingabedaten, für Hinweise auf Unverträglichkeiten, sowie als Hilfe bei der Interpretation der Ausgabedaten benötigt.

Zur Realisierung dieser Unterstützungsfunktion wird hier das Konzept eines Operatortyps eingeführt, wobei zwischen dem Dialogteil und dem Rechenteil unterschieden wird. Der Rechenteil enthält die Algorithmen, die zur Ausführung des Operators notwendig sind. In IDAMS kann der Rechenteil in fast allen gängigen Programmiersprachen geschrieben sein (EBE77). Der Dialogteil wird als Funktion bezeichnet und ist ein Objekttyp des EUS. Eine Funktion besteht aus einer strukturierten Beschreibung der Ein- und Ausgabedaten, die sowohl von den im Rechenteil verwendeten Datentypen als auch vom Datenbanksystem unabhängig sein müssen. In Abb. 2.31 ist eine IDAMS-Funktion (Dialogteil) zur Berechnung des Deckungsbeitrags beschrieben.

Abb. 2.31: IDAMS-Funktion DECKUNGSBEITRAG

```
(1) F: DECKUNGSB; ftype
(2) PRODTYP          INPUT
(3) ABSPREIS         INPUT
(4) ABSMENGE         INPUT
(5) VARKOST          INPUT
(6) DECKUNGSBEITRAG OUTPUT
```

Jede IDAMS-Funktion besteht aus einer Kopfzeile, die den Typ des Objekts und dessen Namen festlegt. Durch den Buchstaben "F" wird dem Basissystem mitgeteilt, daß es sich um eine Funktion mit dem Namen DECKUNGSB handelt. Die Option 'ftype' beschreibt, welche Datentypen die Parameter annehmen können. Dabei können die Ausprägungen entweder Mengen von Tupeln aus der Datenbank, einzelne Tupel oder aber Konstanten eines EQBE-Ausdrucks sein. In einem IDAMS-Programm werden diese Werte den Parametern, die im Anschluß an die Kopfzeile mit ihren Nutzungsformen - INPUT oder OUTPUT - beschrieben werden, zugeordnet. Die Parameter können ungebunden bleiben und ermöglichen so eine wiederholte Nutzung des Programms.

Funktionen können allgemein als Klassen aufgefaßt werden, welche die Eigenschaftskategorien "Parameter" und "Ergebnis" haben. Im obigen Falle ist das Ergebnis durch die Anweisung (6) beschrieben und gibt dem

Anwender den Deckungsbeitrag für ein bestimmtes Produkt zurück. Da IDAMS-Funktionen immer nur zur Ausführung von Elementarfunktionen verwendet werden, genügen diese Eigenschaftskategorien. Durch die Kombination mit APL können jedoch weitere Kategorien für Operatoren gebildet werden (vgl. MCL81, S.38ff,WON81, S.17), die helfen, eine Methodenstruktur aufzubauen, bei der beliebigen Knoten einer Anwendungsstruktur Operatoren zugeordnet werden können.

1) Voraussetzungen (Prerequisites)

   Ehe eine Funktion ausgeführt wird, kann überprüft werden, ob die Voraussetzungen der Funktion erfüllt sind. Diese Voraussetzungen können sich auf den Typ oder den Inhalt der Eingabedaten beziehen. Bezogen auf den Inhalt könnte, z. B. für die Funktion in Abb. 2.31, die Voraussetzung überprüft werden, ob das gewünschte Produkt überhaupt gefertigt wird.

```
prerequisite: PRODUKTNR IN PRODUKT; P > 0
```

   Falls das Teil in der Produkttabelle vorkommt, erhält die Variable P den Wert 'wahr', d. h. p=1, und die Ausführung der Funktion kann fortgesetzt werden.

2) Aktionen

   Hierunter kann man sich eine Liste von Handlungsvorgaben vorstellen, die entweder unbedingt oder abhängig von einer Bedingung ausgeführt werden. Dies ermöglicht, daß andere Benutzeroperatoren aufgerufen werden, d. h. man kann zusammen mit den Kontrollelementen der Anwendungsentwicklungssprache alle Beziehungen zwischen Benutzeroperatoren abbilden, die in der Anwendungsstruktur vorkommen. Abhängig von einem bestimmten Ergebnis können Werte lokalen Variablen zugewiesen und der Ablauf der Funktion beeinflußt werden.

```
action: WHILE DECKUNGSBEITRAG > 0 SELECT PRODUKT
        ELSE PRINT: TNR; 'DB < 0';
```

3) Ausnahmesituationen

Zu jeder "Voraussetzung" oder zu jedem "Ergebnis" können Aktionen beschrieben werden, die immer dann ausgeführt werden, wenn die Resultate entweder nicht genau erreicht worden sind oder nicht in einem zulässigen Bereich liegen. Bei der Verletzung von "Voraussetzungen" muß die Funktion sofort abgebrochen werden. Bei der Überprüfung der "Ergebnisse" sind drei prinzipielle Aktionen möglich. Zum einen kann der Benutzeroperator abgebrochen werden, wobei dann die Veränderungen in der Datenbank rückgängig gemacht werden müssen. Zum anderen ist es möglich, zusätzlich entweder den Anwender auf die Ausnahmesituation aufmerksam zu machen oder eine externe Prozedur zur Bearbeitung der Ausnahme aufzurufen.

Benutzeroperatoren können daher im Dialogteil selbst komplexe Programme sein, da sie im Prinzip von jedem Knoten des Anwendungsstrukturgraphen aufgerufen werden können und dann, entsprechend ihrer Position, in der Anwendungsstruktur den Ablauf der nachfolgenden und verbundenen Teiloperatoren steuern und mit Informationen versorgen müssen.

3. SCHNITTSTELLEN ZUR PROBLEMFORMULIERUNG

Der Begriff "Schnittstelle" wird hier verwendet, um allgemeine, nicht anwendungsspezifische Mittel zur Kommunikation zwischen den Benutzern und einem EUS zu bezeichnen. Dabei kann zwischen Vorbereitungs- und Problemformulierungsdialogen unterschieden werden. Während in der Vorbereitungsphase vor allem die für eine Entscheidung benötigten Objekte ausgewählt werden, umfaßt die Problemformulierung zum einen das selektive Lesen und Verändern des Inhalts von Datenbanken, zum anderen das Aufrufen und Verwenden von Benutzeroperatoren.

Gegenwärtige Vorschläge für anwendungsneutrale Schnittstellen beschränken sich meist auf Funktionen, die die Datenbankmanipulationen (Suchen, Hinzufügen, Ändern und Löschen) betreffen. Dieser Vorrat an Operatoren ist für EUS nicht ausreichend. Sie müssen zur Weiterverarbeitung selektierter Daten um mächtige und bequem anzuwendende Funktionen erweitert werden. Zwischen den EUS und den Datenbanksprachen bestehen jedoch viele konzeptionelle Übereinstimmungen insofern, als sich beide an den DV-Unkundigen richten und für spontane Rechnernutzung geeignet sein müssen. Der Unterschied liegt jedoch mehr in dem Funktionsvorrat als im Aufbau und in den Prinzipien der Sprache begründet. Datenbanksprachen eignen sich immer dann als Schnittstellen für EUS, wenn es möglich ist, beliebige Benutzeroperatoren zu integrieren und unter Wahrung eines einheitlichen Sprachkonzepts zu verwenden. In diesem Kapitel stehen daher weniger die Notationen und das Erscheinungsbild als vielmehr die wesentlichen Sprachprinzipien und der funktionale Umfang von Schnittstellen für EUS im Vordergrund.

Parametrische Benutzer benötigen ebenfalls eine Sprache zur Übermittlung der Eingaben an die Anwendungsprogramme. Diese Sprachen werden hier nicht behandelt, da sie sich immer auf eine konkrete Realisierung beziehen, also anwendungsspezifisch sind.

Um eine Sprache in einem EUS einsetzen zu können, benötigt der Anwender Vorstellungen über die zu verarbeitenden Objekte. Dabei können zumindest drei verschiedene Blickrichtungen unterschieden werden. Einmal muß der Anwender sowohl Vorstellungen über die Aufbereitung der Ergebnisse als auch über die Objekte haben, die er zur Formulierung seiner Problemstellung braucht. Zum anderen müssen ihm bei vielen gegenwärtigen Systemen die Repräsentationen dieser Objekte im Basissystem bekannt sein. Darin liegt ein wesentlicher Nachteil vieler Endbenutzerschnittstellen begründet, die ja nur von den Anforderungen der Anwendung geprägt und den Benutzern angepaßt sein sollen, dagegen dürfen die eingesetzten Mittel bei der Problemformulierung keine Rolle spielen. Sprachvorschläge, die vom Modell unabhängig sind, wie z. B. UDL (UDL=Unified Database Language (DAT80)), sind zwar entwickelt worden, sie sind jedoch noch nicht repräsentativ, da die am häufigsten gebrauchten Sprachen Modelleigenschaften widerspiegeln. So richteten sich z. B. die Data Manipulation Language (DML) am DBTG-Modell (COD78), die Data Language/One (DL/I) am hierarchischen (IBM80) und SQL am relationalen Modell (CHA76,IBM81b) aus.

In diesem Kapitel werden zunächst die Anforderungen an Schnittstellen für EUS diskutiert; dabei wird zwischen den ergonomischen und den funktionalen Erfordernissen unterschieden. Daran anschließend werden konkrete Sprachkonzepte vorgestellt. Die Erörterung erfolgt vor allem am Beispiel von Datenbanksprachen, da diese einerseits die weiteste Verbreitung besitzen, andererseits nach Prinzipien aufgebaut sind, die auch bei der Gestaltung von EUS-Schnittstellen Anwendung finden können. Es wird zu zeigen sein, daß Schnittstellen für EUS als Erweiterungen von Datenbanksprachen gesehen werden können. Ausgehend von dieser Diskussion werden Verfahren und Vorschläge behandelt, wie die eingangs aufgestellten funktionalen und ergonomischen Erfordernisse innerhalb diverser Sprachkonzepte realisiert wurden. Auf der Basis der dabei gefundenen Prinzipien wird ein Vorschlag für eine einheitliche Schnittstelle für EUS entwickelt und anhand eines Beispiels aus dem Rechnungswesen vorgestellt.

3.1 Ergonomische Erfordernisse

Solange nur Anwendungsprogrammierer Zugang zu einem Rechner hatten, wurde der Frage nach der leichten Benutzbarkeit wenig Aufmerksamkeit gewidmet. Erst seitdem sich abzeichnete, daß auch für DV-Ungeübte ein Bedarf an direktem Zugriff zu Computern besteht, wurden vermehrt Überlegungen angestellt, wie Schnittstellen für diesen Anwenderkreis gestaltet sein sollten. Als Ergebnisse überwiegen bis heute aus individuellen Erfahrungen heraus gewonnene Forderungskataloge. Erst in jüngster Zeit ist dieses Gebiet Gegenstand systematischer Forschungen, die sich dabei vor allem auf die Beantwortung von zwei Fragestellungen konzentrieren (CHA80,REI81):

1) Welche Eigenschaften einer Schnittstelle zwischen dem Basissystem und den Endbenutzern bestimmen die Benutzerfreundlichkeit?

2) Inwiefern erfüllen die realisierten Sprachkonzepte die Erwartungen hinsichtlich der Benutzerfreundlichkeit?

Darüber hinaus werden vor allem die kognitiven Prozesse untersucht, die bei der Umsetzung einer Fragestellung in eine formale Sprache ablaufen. Auf der Grundlage der Kenntnis solcher Prozesse, so wird erhofft, können dann Gestaltungsvorschläge für Schnittstellen von EUS gemacht werden. Die Forschungsmethoden sind dabei Verfahren der experimentellen Psychologie, die sich im Bereich der Datenverarbeitung vor allem beim Entwurf von Hardware bewährt haben, z. B. bei der Gestaltung von Bildschirmgeräten und Tastaturen. Man geht dabei meist nach folgendem Schema vor:

Nachdem die zu untersuchende Größe definiert ist, wird ein Experiment geplant und durchgeführt, bei dem das Verhalten einer statistisch relevanten Auswahl von Versuchspersonen bei der Aufgabenerfüllung quantitativ erfaßt wird, z. B. durch Messen der benötigten Zeit oder durch die Bewertung der Korrektheit von Lösungen. Die Schwierigkeiten dieser Methoden liegen beim Eliminieren unerwünschter Einflüsse auf die Experimente. Die nachfolgende Liste von Aufgabengruppen entstammt Versuchen, wie sie bei der Bewertung von Datenbanksprachen durchgeführt wurden.

Aufgaben formulieren:
Eine in der Umgangssprache gegebene Frage soll in eine Datenbanksprache umformuliert werden.

Aufgaben lesen:
Eine in einer Datenbanksprache formulierte Aufgabe soll in Umgangssprache übersetzt werden.

Interpretation einer Aufgabe:
Die Testperson erhält eine Aufgabe in einer Datenbanksprache und dazu einen Datenbankauszug. Sie soll das Ergebnis der Aufgabe ableiten.

Verständnis einer Aufgabe:
Die Testperson erhält eine in Umgangssprache formulierte Aufgabe und einen Datenbankauszug. Sie soll die gewünschte Antwort finden.

Erinnerung:
Die Testperson soll sich eine Datenbankdefinition einprägen und aus dem Gedächtnis reproduzieren.

Problem lösen:
Der Testperson wird ein Problem und eine Datenbanksprache gegeben. Sie soll Fragen formulieren, die das Problem lösen und solche, die mit der Datenbanksprache beantwortbar sind.

Die Tests können zu verschiedenen Zeitpunkten durchgeführt werden und liefern dann oft unterschiedliche Aussagen. Solche Experimente geben vor allem Auskunft, wie leicht eine Sprache zu erlernen ist, welche Schwierigkeiten beim Lernen auftreten und welche Funktionen besonders gut behalten und zur Aufgabenerfüllung tatsächlich eingesetzt werden. Dadurch können Funktionen hinsichtlich ihres Beitrags zur Produktivität gewichtet werden.

Die sich aus diesen Experimenten ergebenden Beurteilungskriterien für die Benutzerfreundlichkeit kann man grob in "leichtes Erlernen" der Schnittstelle, "einfache Anwendung" der Sprache im Normalfalle und "Hilfestellungen" in Ausnahmesituationen gliedern. Die sich aus den einzelnen Beurteilungskriterien ergebenden Gestaltungsvorschläge für Sprachen sind jedoch, falls überhaupt gesichert und signifikant untersucht, häufig widersprüchlich. Desgleichen schwankt die Einschätzung einer Schnittstelle u. a. je nach Ausbildung, Arbeitsgebiet und Arbeitsweise des Benutzers und ist ganz wesentlich von den didaktischen Fähigkeiten des Ausbildenden und den Ausbildungsmethoden abhängig.

3.1.1 Leichtes Erlernen

Der notwendige Aufwand, um die Benutzung eines Systems zu erlernen, kann in Experimenten bestimmt werden und dann entweder als Funktion der Zeit, die verstrichen ist, bis ein bestimmter Anteil der vorgegebenen Aufgaben richtig gelöst wurde oder als der Anteil richtig gelöster Aufgaben nach vorgegebenem Ausbildungsaufwand quantifiziert werden. Man muß bei der Bewertung jedoch zwischen dem ersten Erlernen, dem Auffrischen früherer Kenntnisse nach einer Anwendungspause und dem Erlernen einer anderen, aber funktional vergleichbaren Sprache unterscheiden. Dies wurde häufig unterlassen. Zusammenfassend werden meist die Eigenschaften Einfachheit, Einheitlichkeit, Gewohntheit und Adaptierbarkeit genannt, die Endbenutzerschnittstellen haben müssen, um als benutzerfreundlich zu gelten.

"Einfachheit" ist ein sehr vager Begriff, der aber trotzdem in allen Forderungskatalogen zu finden ist (GEB78, STE76b). DALE (DAL77) beschreibt "semantische Einfachheit" mit den Informationen, die ein Benutzer an das System geben muß, um eine korrekte Antwort zu erhalten. Allerdings zeigt gerade diese Definition die Schwierigkeit bei der Bewertung von ergonomischen Faktoren, da oft erst eine gewisse Redundanz und Weitschweifigkeit eine formale Sprache "einfach" macht (HOP81).

Von der Einfachheit unterscheidet sich die "Einheitlichkeit", wozu neben formalen Charakterisierungen, wie einheitliche syntaktische Form oder einheitliche Regeln für Abkürzungen, vor allem "die durchgängige Einhaltung eines bestimmten Konstruktionsstils" gehört (STE76). So sollte etwa eine Zeichenkette, die in mehreren Befehlen vorkommen kann, in allen diesen Befehlen dieselbe Bedeutung haben. Umgekehrt sollten gleiche Spezifikationen in verschiedenen Kommandos dieselbe Syntax haben, und "ähnliche" Anweisungen sollten, wenn möglich, die gleichen Optionen besitzen.

"Gewohntheit" wurde im Zusammenhang mit natürlichen Sprachen verwendet, ist aber auch auf EUS übertragbar. Nach WOOD (WOO77, S.523) ist ein "gewohntes System ... weder eines, in dem die Benutzer laufend die Fähigkeiten des Systems übergeneralisieren und sich über dessen Grenzen hinauswagen, noch sich aus Angst vor Fehlinterpretation peinlich genau an eine kleine Teilmenge der Möglichlichkeiten halten". Solche Systeme haben den Vorteil, nicht in allen Einzelheiten sofort erlernt werden zu müssen, da dem Benutzer die Fähigkeiten und Grenzen natürlich erscheinen und somit stufenweise erfahren und adaptiert werden können.

"Gewohnte" Sprachen für EUS enthalten Teile, die allen Benutzern gemeinsam sind und solche Teile, die für einzelne Anwendergruppen spezifisch sind. Einfache Beispiele hierfür sind die Einführung von Synonymen für Schlüsselwörter durch den Benutzer und die Übersetzung von Schlüsselwörtern und Texten in verschiedene Landessprachen.

Eine Sprache ist sicher dann leichter erlernbar als eine andere, wenn der Lernende schon nach Kenntnis weniger Funktionen sinnvolle Fragestellungen formulieren kann. Das heißt, die Schnittstelle sollte so aufgebaut sein, daß der Benutzer einfach erscheinende Fragestellungen mit einfachen Sprachelementen formulieren kann, und daß er die Sprache nur bis zu jenem Grad an Komplexität zu erlernen braucht, die er für die Lösung seiner Probleme benötigt.

3.1.2 Einfache Anwendung

Die Trennung zwischen leichtem Erlernen und einfacher Anwendung erscheint in manchen Punkten künstlich, aber eine leicht zu erlernende Sprache ist nicht immer auch einfach anzuwenden. Denn an Endbenutzersprachen werden Forderungen gerichtet, die z. B. dem versierten Benutzer eine einfache Anwendung ermöglichen, jedoch oft nicht mehr in Übereinstimmung mit einer leichten Erlernbarkeit stehen.

Gerade versierte Benutzer fordern nach längerer Benutzung und Vertrautheit mit dem System die Möglichkeit, ihre Probleme knapp zu formulieren, um den Aufwand bei der Problemformulierung gering zu halten. Mittel dazu sind: kurze Schlüsselwörter oder die Möglichkeit, Schlüsselwörter abzukürzen; Standardannahmen für nicht spezifizierte Befehlsteile, die entweder vom System oder vom Benutzer definiert sein können; das Überspringen von Dialogteilen; und die Möglichkeit, für häufig benötigte Befehlsfolgen, Prozeduren zu definieren. Dem daraus entstehenden Zeitgewinn stehen wesentliche Nachteile gegenüber (GEB78). "Kurze Befehle haben einen Mangel an Redundanz" und sind daher schwerer zu erlernen, weiterhin haben kurze Zeichenketten oft eine kontext-abhängige Bedeutung und das Weglassen von Parametern kann somit zu Systemreaktionen führen, die nur noch der erfahrene Benutzer verstehen kann. Je nach Benutzer und Anwendung muß sorgfältig abgewogen werden, welche Konsequenzen eine Entscheidung in der einen oder anderen Richtung haben kann.

Ein Kompromiß wird dann unnötig, wenn die Schnittstelle so flexibel ist, daß sie je nach den Umständen unterschiedlich ausführliche Formulierungen für dieselbe Aufgabe erlaubt. Dann können Anfänger, gelegentliche Benutzer und Programmierer, die gut dokumentierte Anwendungen zu schreiben haben, die ausführliche Form wählen, während der geübte Benutzer die Kurzform verwenden wird.

Ein weiteres Maß für die leichte Anwendbarkeit einer Schnittstelle ist die "Nähe", die eine Problemformulierung für den Benutzer zu seiner gewohnten Ausdrucksweise, der "natürlichen" Formulierung hat - oder anders ausgedrückt, der Aufwand für die gedankliche Transformation der umgangssprachlichen in die restriktivere, formale Beschreibung (MUE82). Natürlich hängt die Einschätzung der Komplexität einer Übersetzung auch von subjektiven Gegebenheiten beim Benutzer ab. Sprachen, wie ALPHA (COD72) oder ISBL (TOD76) sind erfahrungsgemäß für mathematisch weniger Geschulte schwer anzuwenden. Insbesondere haben Experimente gezeigt, daß die Benutzung von Quantoren ("es existiert", "für alle") besondere Schwierigkeiten bereitet (REI81).

Von besonderer Bedeutung für den gelegentlichen Anwender sind Hilfestellungen durch das System selbst; entweder durch das Führen des Benutzers mittels systemgetriebenem Dialog oder durch das Anbieten von Auskunftsmöglichkeiten in jeder unklaren Situation. Strenge Führung durch das System ist jedoch um so aufwendiger und langwieriger, je vielfältiger die Funktionen des Systems sind. Es ist nicht ungewöhnlich, daß der Benutzer im Laufe der Zeit die Vorbereitungsdialoge überflüssig findet und ihrer überdrüssig wird.

3.1.3 Hilfestellung im Fehlerfalle

Die Fehlerbehandlung ist für EUS besonders kritisch. Da es gerade Sinn und Zweck ist, daß die Anwender mit dem System experimentieren, auch um den Lernaufwand gering zu halten, ist die Wahrscheinlichkeit sehr hoch, daß logische bzw. syntaktische Fehler gemacht werden. Um dem Anwender aber ein Gefühl von Sicherheit zu geben, ist es notwendig, daß sie die Gewißheit haben, vor nicht wiedergutzumachendem Schaden geschützt zu sein und im Fehlerfalle von dem System konstruktive Hilfestellungen zu erhalten. Um dem Benutzer jederzeit das Weiterarbeiten zu ermöglichen, werden dem System erhebliche Kontrollfunktionen übertragen, wobei schwer zu beantworten ist, inwieweit Fehler automatisch korrigiert werden sollen. Dazu sind Sprachen mit hoher Redundanz nötig. EUS werden, wie Studien zeigen (COU80), vor allem dann verwendet, wenn der Benutzer glaubt, das Systemverhalten vorhersagen zu können. Daher sollte wenig verdeckt oder automatisch geschehen, sondern der Benutzer muß in jedem Falle informiert werden. Dabei kann ihm eine korrigierte Version der Problemformulierung angeboten werden, die er dann überprüfen und erneut ausführen kann.

Fehlermeldungen müssen konsistent sein, d. h. ähnliche Fehlersituationen sollten ähnlich angezeigt werden. Ferner müssen sie in einer dem Endbenutzer geläufigen Sprache formuliert sein. Sie sollten, soweit wie möglich konstruktiv sein, d. h. sie müssen Korrekturvorschläge enthalten. Bei längeren Problemformulierungen muß der fehlerhafte Teil vom System identifiziert werden. Zur Korrektur sollte dem Anwender ein ausreichender Editor zur Verfügung stehen.

Die Fehlerbehandlung umfaßt neben der Kontrolle von syntaktischen und logischen Fehlern, die sich aus der unsachgemäßen Verwendung eines EUS ergeben, auch noch die Darstellung von Ausnahmefällen, die sich aus der Anwendung ergeben. So kann z. B. kein allgemeingültiges Standardsystem entscheiden, was zu tun ist, wenn Budgets überschritten werden. Gerade solche Situationen sind jedoch für betriebliche Anwendungen typisch. Daher müssen Sprachkonstrukte vorhanden sein, mit denen der Anwendungsadministrator Ausnahmesituationen formulieren kann.

Im Fehlerfalle kommt der Auskunftskomponente des Systems besondere Bedeutung zu. Der Benutzer muß immer die Gewähr haben, daß er auch in extremen Fällen auf das Auskunftssystem zurückgreifen kann und dort auch befriedigende Antworten findet.

3.2 Funktionale Erfordernisse

In den letzten Jahren wurden, wie aus dem Anhang zu ersehen ist, eine Reihe von Basissystemen vorgeschlagen, die das Ziel haben, dem Endbenutzer eine leicht zu handhabende Schnittstelle zur Verfügung zu stellen. Dabei bestehen jedoch häufig nicht nur Einschränkungen hinsichtlich des Anwendungsbereichs, sondern vor allem hinsichtlich des funktionalen Umfangs des verwendeten Datenbanksystems. So arbeiten einige dieser Systeme auf einzelnen, unabhängigen Dateien und andere extrahieren Daten aus bestehenden Datenbanken. Einige Sprachen beschränken sich auf wenige Datentypen und Operatoren und sind dadurch in ihrem Einsatzbereich limitiert.

Die funktionalen Begrenzungen gegenwärtiger Endbenutzersprachen lassen sich folgendermaßen charakterisieren:

1) Die Formulierung von Anwendungen erfordert fast immer eine genaue Kenntnis der Objektrepräsentationen. Dabei geben nur wenige Systeme Hilfestellung, indem sie dem Anwender zeigen, welche Objekte ihm zur Verfügung stehen und wie diese zu handhaben sind.

2) Die meisten Sprachvorschläge verlangen vom Anwender eine gewisse Vertrautheit mit der englischen Sprache.

3) Vielfach wird vom Anwender verlangt, daß er bei der Problemformulierung Konzepte verwendet, wie sie bei Programmiersprachen vorkommen. Z. B. ist die Kodierung von Schleifen und die Beachtung von Schlüsselfeldern nur durch die effiziente Benutzung der Maschine und kaum aus der Anwendung des Benutzers heraus begründbar.

4) Benutzerschnittstellen sehen mit nur wenigen Ausnahmen den Gebrauch von Standardoperatoren vor. Diese werden in die Schnittstelle fest integriert und entsprechen dann oft nicht den Erfordernissen einzelner Anwendungen.

5) Neben den funktionalen Fähigkeiten bestimmt vor allem das Erscheinungsbild die Akzeptanz einer Schnittstelle. Sie hängt zu einem entscheidenden Teil von den technischen Gegebenheiten einer Daten- oder Arbeitsstation ab. Neben der Tastatur, dem Lichtstift, dem beweglichen Zeiger und der Verwendung von Farbe, die man zu den

ergonomischen Faktoren rechnen kann, sind vor allem für den STAR-Rechner Konzepte entwickelt worden, die mit graphischen Symbolen ein sog. visuelles Programmieren zulassen (SIK82). Die visuellen Hilfsmittel sind noch keineswegs erprobt und es ist auch noch unklar, ob sie nicht doch nur subjektiven Wert besitzen. Da sie jedoch auf die nachfolgend diskutierten Funktionen abgebildet werden können, werden sie nur einführend behandelt werden.

Die funktionalen Anforderungen an die Schnittstelle eines EUS beziehen sich auf vier Bereiche, die, falls sie aufeinander abgestimmt und in ihrem Gebrauch einheitlich sind, ein hilfreiches Werkzeug zur Problemformulierung durch einen Endbenutzer ergeben.

1) Eine Sicht auf Objekte und Operatoren, welche sich aus der Anwendung ergibt, die dem Benutzer verständlich und die nicht durch Erfordernisse zur Maschinenwirksamkeit bestimmt ist. Die Komplexität von Sprachen zur Problemformulierung hängt ganz wesentlich von den Objekten ab, die verarbeitet werden müssen. Diese wurden im zweiten Kapitel ausführlich behandelt und werden daher nachfolgend nur insofern erwähnt, als sie Einfluß auf die Gestaltung der Sprachschnittstelle haben.

2) Eine Form zur Kommunikation mit einem EUS, die wenig Kenntnisse voraussetzt oder Beschränkungen impliziert.

3) Je nach dem Kenntnisstand der Anwender sollten mehrere unterschiedliche Dialogstile (MIL77) vorgesehen werden. Dadurch kann z. B. der erfahrene Benutzer eine kürzere Dialogform wählen als der Systemunkundige.

4) Die Schnittstelle für ein EUS muß immer eine Komponente enthalten, die dem Benutzer hilft, sich sowohl über das System als auch über die Anwendung, die Fehlersituationen oder die verfügbaren Objekte zu informieren. Die Dialogschnittstelle zum Auskunftssystem muß mit der Sprache zur Problemformulierung konsistent sein.

Nachfolgend werden Dialogformen diskutiert, die sich zur Problemformulierung eignen. Dabei wird am Beispiel der Selektion von Daten aus einer Datenbank gezeigt, welche Beziehungen zwischen Datenbanksprachen und Schnittstellen für EUS bestehen.

3.2.1 Problemformulierung

Endbenutzerschnittstellen erfordern vom Benutzer Eingaben über eine "On-line-Datenstation". Dabei kann es sich entweder um Bildschirmgeräte oder Schreibmaschinen handeln. Zur Kommunikation zwischen Mensch und Maschine stehen grundsätzlich zwei verschiedene Formen zur Verfügung. Ein systemgetriebener Dialog liegt dann vor, wenn das EUS vom Benutzer Eingaben erwartet, die vom System abgefragt werden, während bei einem benutzergetriebenen Dialog eine Sprache vorhanden sein muß, mit der ein Anwender aktiv Anforderungen an das System formuliert.

3.2.1.1 Systemgetriebener Dialog

Bei dieser Dialogform antwortet der Anwender auf Anfragen des Systems, ohne dabei anders als durch Reagieren aktiv werden zu können. Man kann dabei gegenwärtig drei gebräuchliche Formen unterscheiden (MIL77):

1) Zeilenweises Prompting

   Diese Dialogform eignet sich für den wenig erfahrenen Anwender. Hierbei wird jede Eingabe vom Benutzer mittels einer Zeile erklärenden Textes durch das System angefordert. Typische Eingaben dabei sind:

   - Namen und Klassen der verwendeten Objekte.
   - Name eines Feldes für eine Bedingung.
   - Werte, die zum Vergleich oder zur Berechnung dienen.
   - Die Funktionen, die auf die Daten angewendet werden sollen, z. B. die Benennung eines statistischen Verfahrens.
   - Die Art, wie die Ergebnisse aufbereitet werden sollen.
   - Hilfestellungen und Erklärungen oder Änderungen der Dialogfolge.

Ausgehend von den Antworten des Benutzers auf die Anfragen, erstellt das System die Problemformulierung selbständig.

2) Auswahl aus Angebotslisten (Menüauswahl)
Diese Dialogform eignet sich besonders für den gelegentlichen Benutzer, der nicht mit allen Optionen vertraut ist, die das System anbietet. Das Zustandekommen einer Kommunikation erfordert nur, daß der Anwender aus einer vorgegebenen Liste von Optionen auswählt. Bei Bildschirmstationen können dazu verschiedene Techniken verwendet werden. Man kann die Auswahl mit einer Tastatur, einem Lichtgriffel oder einem beweglichen Lichtpunkt (Cursor) vornehmen.

3) Ausfüllen von Formularen (Block Screen Mode)
Diese Dialogform verlangt die Verfügbarkeit von Bildschirmstationen. Dem Anwender wird eine Vorgabe (Formular, Maske, Raster) auf dem Bildschirm präsentiert, die er an bestimmten dafür vorgesehenen Stellen ausfüllen muß, ehe eine Bearbeitung erfolgen kann. Auf diese Weise kann die Eingabe wesentlich schneller geschehen, da gleichzeitig mehrere Parameter übermittelt werden können.

Zur Problemformulierung für EUS sind systemgetriebene Dialogformen nicht ausreichend, da die Anwendungsbereiche vorherplanbar sein müßten (MER77). Allerdings können die Vorbereitungsdialoge vorprogrammmiert werden, was die Unterstützung eines Teils der Kommunikation mit den Benutzern durch systemgetriebene Dialogformen möglich macht. So verwendet z. B. IDAMS eine "Menüauswahl", um die Problemformulierung vorzubereiten (ERB80).

3.2.1.2 Benutzergetriebener Dialog

EUS verlangen zur Problemformulierung eine Schnittstelle, die es dem Benutzer gestattet, aus der jeweiligen Situation heraus den Rechner spontan in einer Entscheidungssituation einzusetzen. Dazu muß eine Sprache vorhanden sein, die weitestgehend anwendungsneutral ist. Man unterscheidet dabei zwischen den künstlichen und den natürlichen Sprachen. Natürlichsprachliche Schnittstellen orientieren sich in Grammatik und Vokabular an der im Alltag gesprochenen Umgangssprache, während künstliche Sprachen zwar der natürlichen Sprache ähnlich sein können, jedoch formalen Richtlinien genügen müssen.

3.2.1.2.1 Natürliche Sprachen

Die "Natürlichkeit" einer Abfragesprache kann nach VANDIJK (VAN77) unterschiedlich interpretiert werden; entweder als möglichst ähnlich der (deutschen, englischen, usw.) Umgangssprache oder als der Art und Weise entsprechend, in der Benutzer ihre Probleme zu formulieren gewohnt sind. Solche Sprachformen bezeichnet man als eingeschränkt natürlichsprachlich. Hier soll kurz dargestellt werden, wie weit es möglich und wünschenswert ist, natürliche Sprachen zur Kommunikation mit einem EUS zu verwenden.

Im Rahmen der Forschungen über künstliche Intelligenz (Artificial-Intelligence) werden Frage-Antwort-Systeme zur Abfrage eines zu einem bestimmten Sachverhalt gespeicherten Wissens (Miniwelt) untersucht (KRA82, S.16ff). Die Datenmengen sind i. a. nicht groß. Das Interesse gilt vielmehr einer Vielzahl unterschiedlicher Sprachphänomene. Versuche, solche Systeme zu implementieren, führen selbst bei kleinen Miniweltmodellen schnell zu sehr umfangreichen und komplexen Systemen. Deshalb wird vielfach die Meinung vertreten, daß Anwendungen, die auf umfangreichen Datenmengen beruhen und komplexe Berechnungen erfordern, auf dieser Basis nicht zu verwirklichen sind (vgl. KEE80).

Für Datenbanken wurde versucht, Abfragesprachen mit Hilfe einer eingeschränkten natürlichen Sprache zu konzipieren. Einige dieser

Projekte haben zu Implementierungen geführt (vgl. LADDER (SAC77;HEN78), PLANES (WAL77), REQUEST (PLA76)), die im Falle von USL (OTT79) mit gutem Erfolg getestet worden sind (vgl. KRA82, S.106ff, LEH78).

Die Frage, ob es überhaupt wünschenswert ist, Datenbankabfragen in natürlicher Sprache zu formulieren, ist sehr umstritten. Eine umfangreiche Diskussion darüber findet sich bei LEHMANN und BLASER (LEH79). Die wichtigsten Argumente dafür und dagegen sind nachfolgend aufgeführt:

1) Die natürliche Sprache ist dem Benutzer schon bekannt. Gelegentliche Benutzer haben möglicherweise nicht die Zeit oder die Motivation, eine formale Sprache zu lernen und im Gedächtnis zu behalten.

2) Gelegentliche Benutzer überwinden ihre "Furcht" vor dem Computer, wenn sie in ihrer natürlichen Sprache mit ihm kommunizieren können.

3) Die natürliche Sprache ist wünschenswert, weil der Benutzer seine Ideen in der Weise ausdrücken kann, wie sie bei ihm entstehen.

4) Komplexe Fakten können durch den unerfahrenen Benutzer ausgedrückt werden, da die natürliche Sprache sehr ausdrucksstark ist.

Neben diesen Vorzügen sind vor allem folgende Gegenargumente zu beachten:

1) Beim Benutzer entstehen unrealistische Erwartungen bezüglich der Fähigkeiten eines Computers. Er versucht, Informationen abzufragen, die in der Datenbank nicht enthalten sind oder verlangt Berechnungen, die erst in das System integriert werden müssen.

2) Der Abfragevorgang wird durch die Mehrdeutigkeiten der Umgangssprache erschwert, die oft nur umständlich geklärt werden können.

3) Da eine Kommunikation in uneingeschränkter natürlicher Sprache technisch noch nicht machbar ist, müssen Teilmengen einer Sprache verwendet werden. Solche Teilmengen sind unvermeidlich schlecht definiert und oft schwerer zu lernen als formale Sprachen.

Die Debatte, ob es zweckmäßig ist, natürliche Sprachen für die Interaktion zwischen Mensch und Maschine zu verwenden, ist noch keineswegs beendet. Insbesondere der funktionale Umfang der hier geforderten Schnittstellen zu EUS lassen gegenwärtig formale Sprachen noch überlegen erscheinen.

3.2.1.2.2 Künstliche Sprachen

Die Mehrzahl der Sprachen, die als Schnittstellen für Endbenutzer vorgeschlagen werden, ist einer natürlichen Sprache ähnlich, meist dem Englischen, wobei alle Kommandos eine feste Syntax besitzen und nur solche Schlüsselworte verwendet werden dürfen, die in einer Liste aufgezeichnet und für diese Sprachen zugelassen sind. Aus diesen Gründen werden solche Schnittstellen als eingeschränkt, künstlich oder als formal klassifiziert.

Am Beispiel der Datenselektion, die als die wesentliche Datenmanipulationsfunktion angesehen werden kann, soll einerseits die Art der Problemformulierung mit künstlichen Sprachen, andererseits das Verhältnis von Datenbanksprachen und EUS-Schnittstellen diskutiert werden. Nachfolgend findet sich für die Datenauswahl eine sprachneutrale Formulierung mit einer künstlichen Datenbanksprache.

FIND <daten> WHERE <qualifikation>

Das Schlüsselwort FIND deutet an, daß Daten gesucht werden, die einer bestimmten Qualifikation genügen. Die <daten> können dabei ganz unterschiedlich organisiert sein, wobei es sich entweder um eine einzelne Datei, einen Arbeitsbereich oder eine Benutzersicht auf eine Datenbank handeln kann. Die <qualifikation> besteht aus einer Folge von Bedingungen, die auf der Gesamtmenge der <daten> überprüft werden. Die Bedingungen können numerisch sein oder einen Vergleich von Zeichenketten beschreiben, wobei der Wert eines Datums in einer Bedingung entweder von außen vorgegeben oder wieder aus den <daten> erhalten werden kann.

Um eine Sprache benutzen zu können, benötigt der Anwender neben der Syntax der Schnittstelle auch eine Vorstellung über die Verarbeitungslogik des Basissystems.

Problemformulierungen in künstlichen Sprachen werden in einer der beiden nachfolgenden Weisen verarbeitet:

1) Satzweise Verarbeitung
Ein Satz - sinngemäß der nächste -, der die <qualifikation> erfüllt, wird an den Benutzer weitergegeben. Dabei darf der Begriff "Satz" nicht mit dem traditionellen Begriff verwechselt werden. Es handelt sich hierbei um ein Aggregat aus der Sicht des Benutzers, das aus der Struktur der gespeicherten Daten abgeleitet worden ist. Um alle Sätze, die den gegebenen Bedingungen gehorchen, aus der Datenbank abzurufen, muß die Problemformulierung wiederholt aufgerufen werden. Eine solche Vorgehensweise ist für den Endbenutzer wenig geeignet.

2) Mengenweise Verarbeitung
Es ist eher den Erfordernissen des Benutzers von EUS angepaßt, wenn alle Sätze, die eine gegebene Bedingung erfüllen, zur Verfügung gestellt werden. Dies geschieht entweder durch die sofortige Ausgabe oder durch ein Zwischenspeichern der qualifizierenden Sätze in einem Arbeitsbereich. Mit Hilfe einer solchen Vorgehensweise kann der Anwender weitere Verfeinerungen oder Analysen der Ergebnisse vornehmen. Nicht in allen Fällen führt eine mengenweise Verarbeitung zu Resultaten, die im mathematischen Sinne eine Menge darstellen. Meist ist das Ergebnis eine von Null verschiedene Anzahl an Sätzen.

Die Mächtigkeit von künstlichen Sprachen für EUS liegt im Hinblick auf die Verarbeitung von Daten in ihrer Fähigkeit begründet, Ergebnisdaten aus der jeweiligen verfügbaren Datenstruktur abzuleiten und in der Vielfältigkeit, wie Bedingungen konstruiert werden können. Dabei können komplexe Bedingungen durch die Verwendung logischer Operatoren, wie z. B. UND, ODER, NICHT, oder durch die Verkettung (nesting) einzelner Anfragen geschaffen werden.

Neben der Einheitlichkeit, wie die zu verarbeitenden Daten vom Benutzer gesehen werden, sollte dem Anwender das Einhalten einer Problemlösungsstrategie möglich sein. Abb. 3.1 zeigt eine Anfrage, die alle funktionalen Erfordernisse von Schnittstellen für EUS enthält, die jedoch ein sequentielles Vorgehen bei der Problemformulierung erfordert.

Abb. 3.1: Funktionaler Umfang von Schnittstellen für EUS

```
(1) FIND <daten> WHERE <qualifikation>;
(2) GIVING <resultat(i)>;
(3) APPLY <benutzeroperator,resultat(i)>;
(4) GIVING <resultat(j)>;
```

Wieder können <daten> jede beliebige Struktur und Komplexität haben. Das erhaltene <resultat> kann ebenfalls jede vom Basissystem unterstützte Ausgabeform haben, wobei Berichte und graphische Darstellungen die am meisten angetroffenen Datentypen sind. Das gesamte <resultat(i)> oder wiederum auch nur Teile davon, können einer weiteren Verarbeitung durch einen <benutzeroperator> unterworfen werden, wobei wieder ein anderes <resultat(j)> entsteht, das ebenfalls wieder als <daten> für eine Problemformulierung oder als Eingabe für einen <benutzeroperator> dienen kann. Eine Voraussetzung für eine rekursive Nutzung von <resultat> ist allerdings, daß die Ergebnisse wieder Datentypen sind, wie sie auch bei <daten> vorkommen können. Ihre Behandlung und Unterstützung ist dann am einfachsten, wenn die <resultate> Eigenschaften von Mengen besitzen.

3.2.2 Unterstützung des Benutzers

Schnittstellen für EUS sollen sowohl für erfahrene als auch für neue Benutzer anwendbar sein. Die Bereitstellung einer einheitlichen Sicht für die verwendeten Objekte, eine konsistente Verarbeitungslogik und die Wahl zwischen jeweils geeigneten Dialogformen sind dabei wesentliche Voraussetzungen. Sie sind aber nicht ausreichend, um neuen Anwendern einen raschen Zugang zum System zu ermöglichen. Für diesen Benutzerkreis ist ein Auskunftssystem mit folgenden funktionalen Fähigkeiten notwendig:

1) Präsentation von Informationen über das EUS
Für einen neuen Benutzer muß ein Hilfsmittel bereitgestellt werden, um Informationen über die Verwendung der Sprachschnittstelle zu erhalten. Zumindest sollten on-line alle verfügbaren Kommandos beschrieben sein, die einer verwendeten Dialogform entsprechen. Komfortablere Auskunftssysteme helfen dem Anwender bei der Problemformulierung, lassen das Führen von Sitzungsprotokollen zu oder sehen Hinweise auf weitere mögliche Verarbeitungsschritte vor.

2) Präsentation von Informationen über Objekte und Anwendungen
Diese Nutzung des Auskunftssystems zeigt dem Benutzer die für die jeweilige Anwendung verfügbaren Objekte und deren Beziehungen zueinander. Da diese Anforderung bereits im ersten und zweiten Kapitel behandelt wurde, soll hier nicht weiter darauf eingegangen werden.

3) Präsentation von Informationen über Wert und Einsatz von Objekten
Die dritte Funktion eines Auskunftssystems soll dem Anwender helfen, Daten richtig zu interpretieren und die Benutzeroperatoren korrekt zu verwenden. Dabei muß er beschreibende Informationen über den Wertebereich einzelner Datentypen und über die Voraussetzungen des Einsatzes von Benutzeroperatoren haben. Die Anfragen an diese Komponente des Auskunftssystems kann zum einen den Ausprägungen bestimmter Objekttypen entsprechen, zum anderen auch nach Strukturen erfolgen, die die eventuell gesuchten Informationen enthalten. In ähnlicher Weise können die Benutzeroperatoren abgefragt werden, wobei entweder nach ihrem Einsatzbereich oder nach Verfahren für eine vorgegebene Anwendung gefragt werden kann.

4) Schutz durch das Basissystem
Der Benutzer muß die Gewähr haben, daß seine Fehler nur auf das von ihm gerade verwendete EUS beschränkt bleiben und nicht andere Anwender behindern, die andere EUS auf demselben Basissystem betreiben. Dies bedeutet, daß das jeweilige EUS alle vorkommenden Fehler nach Möglichkeit auffangen muß, gleichgültig ob es sich dabei um Benutzer- oder Systemfehler handelt. Der Anwender sollte mit für ihn

verständlichen Fehlermeldungen unterrichtet werden, die entweder eine eigenständige Korrektur der Problemformulierung zulassen oder aber Hinweise auf weitere Hilfen geben.

3.3 Sprachkonzepte für Endbenutzerschnittstellen

Endbenutzerschnittstellen für EUS sind erweiterte Datenbanksprachen, die es gestatten, die Ergebnisse rekursiv durch Benutzeroperatoren weiterzuverarbeiten. In diesem Abschnitt stehen die Sprachkonzepte von EUS zur Diskussion, worunter hier vor allem Konstruktionsformen und Dialogprinzipien verstanden werden. Zur Beurteilung der Sprachkonzepte können die eingangs erörterten ergonomischen Erfordernisse herangezogen werden. Aus den Widersprüchlichkeiten der Bewertungskriterien erklären sich auch die sich teilweise überlappenden Klassifizierungen der Sprachkonzepte. So werden z. B. Satzsprachen meist prozedural verwendet. Gleichzeitig können Mengensprachen sowohl linear als auch nicht-linear formuliert werden. Diese Inkonsistenz rührt von einer unterschiedlichen Sichtweise bei der Sprachbeurteilung her. Während die Klassifizierungen "Mengen- versus Satzsprachen" und "prozedural versus deskriptiv" die Verarbeitungslogik durch das System beschreiben, geben die Kriterien "linear" und "nicht-linear" Hinweise auf die Problemformulierung durch den Benutzer.

Die folgende Diskussion erfolgt hauptsächlich an Beispielen, wobei ausgehend von der anschließenden Anfrage vorwiegend die Endbenutzerschnittstellen der bisher besprochenen Systeme vorgestellt und klassifiziert werden.

Beispielanfrage:

Welche seiner Fähigkeiten braucht der Mitarbeiter mit der Personalnummer 99999 an seinem derzeitigen Arbeitsplatz?

Für alle konkreten Formulierungen wird dabei auf die Datenbank Bezug genommen, wie sie im zweiten Kapitel für das Anwendungsbeispiel erarbeitet wurde. Beispiele für Datenbanksprachen nach dem relationalen Datenmodell beziehen sich auf die Datenstruktur in der Abb. 2.19, während DML, die auf dem Netzwerkmodell oder dem hierarchischen Datenmodell basieren, sich auf die Abb. 2.15, bzw. auf die Abb. 2.17 beziehen.

3.3.1 Mengen- versus Satzsprachen

Die Präsentation des Ergebnisses einer Datenbankanfrage kann entweder "satzweise" erfolgen, d. h. eine Objektausprägung nach der anderen wird dem Benutzer zur Verfügung gestellt, oder "mengenorientiert" geschehen, wobei dem Anwender alle qualifizierenden Objektausprägungen als Ganzes ausgegeben werden. Die Beurteilung dieser beiden Sprachkonzepte hängt von der Verwendung der Daten ab, die anhand zweier korrespondierender Kriterien näher erläutert werden soll.

Das Ergebnis einer Datenbankanfrage kann sehr umfangreich sein, bis hin zu dem Fall, daß nach dem gesamten Inhalt der Datenbank gefragt wird. Die allgemeinen Programmiersprachen haben keine Mittel, um so komplexe Strukturen zu speichern und zu manipulieren. Das hat dazu geführt, daß Datenbanksprachen in solche Sprachen "eingebettet" werden und dann folglich satzweise bearbeitet werden. Man sagt, die Datenbanksprache ist in eine allgemeine Programmiersprache integriert, die dann auch als die "Gastgeber-" oder "Wirtssprache" bezeichnet wird.

"Eigenständig" ist eine Endbenutzerschnittstelle immer dann, wenn zu ihrer Benutzung keine zusätzliche Programmiersprache benötigt wird. Da dann meist keine Kontrollanweisungen zur Verfügung stehen und z. B. bei dem Relationenmodell das Ergebnis einer Abfrage eine Menge ist, sind eigenständige Endbenutzerschnittstellen überwiegend mengenorientiert.

Man unterscheidet drei Hauptformen der Einbettung. Im ersten Fall wird der Sprachumfang der Gastgebersprache nicht erweitert. Die Datenbankmanipulationen werden von Unterprogrammen ausgeführt, die wie jedes andere Unterprogramm aufgerufen werden ("CALL-Schnittstelle"). Das Programmsystem muß nur um Zugriffsroutinen zur Datenbank ergänzt werden. Bei IMS ist mit der Sprache DL/I diese Form der Einbettung realisiert worden. Im zweiten Fall wird die Gastgebersprache durch neue sprachliche Konstrukte ergänzt. Dies macht es erforderlich, daß entweder dem Übersetzungsprozeß ein Schritt vorgeschaltet wird, der die Erweiterungen der Sprache in Unterprogrammaufrufe transformiert oder der Übersetzer selbst verändert wird. Während bei SQL/DS die Integration von SQL unabhängig von der Wirtssprache erfolgte und durch einen dem Übersetzungslauf vorgeschalteten Präprozessor bearbeitet wird, wurde bei DBTG-Datenbanken die Gastgebersprache und somit der Übersetzer erweitert. Für Sprachen, die die Definition von Benutzerdatentypen und -operationen unterstützen, wie z. B. PASCAL, bietet es sich an, DBS-Funktionen über diese Fähigkeiten zu integrieren (s. BEV80).

Eingebettete Sprachen erhalten durch die Wirtssprache einen beliebigen funktionalen Umfang und geben dem Anwender einen unbeschränkten Spielraum, beliebige Weiterverarbeitungen der Resultate vorzunehmen. Der Programmierer kann Kenntnisse über die physische Speicherung der Daten oder über die statistische Verteilung von Feldinhalten zur Erstellung effektiverer Programme einsetzen, wobei allerdings eine erhöhte Datenabhängigkeit in Kauf genommen wird. Eingebettete Schnittstellen erfordern zudem umfangreiche DV-Kenntnisse und sind deshalb für den ungeschulten Benutzer wenig geeignet.

Satz- und Mengensprachen müssen sich jedoch nicht ausschließen, wenn man zwischen der Datenauswahl und der Verarbeitung der Ergebnisse unterscheidet. SQL enthält alle zur Datenbankmanipulation erforderlichen Funktionen, ist also eigenständig und gibt dem Anwender alle "qualifizierenden" Sätze zurück. Durch eine Erweiterung ist es aber auch möglich, SQL Anweisungen in PL/I- oder in COBOL-Programme einzubetten und dann satzweise zu verarbeiten. Darauf wird nachfolgend noch näher eingegangen.

3.3.2 Prozedurale versus deskriptive Sprachen

Deskriptive Sprachen, auch Spezifikationssprachen genannt, beschreiben das gewünschte Ergebnis eines Programms, ohne den Algorithmus zum Erreichen dieses Ziels festzulegen. Dagegen wird bei prozeduralen Sprachen der Prozeß formuliert, der zum gewünschten Ergebnis führt. Kurz gesagt: mit deskriptiven Sprachen formuliert man "was" gesucht wird, während man mit prozeduralen Sprachen zusätzlich beschreibt, "wie" man etwas findet. Deskriptive Sprachen sind in der Regel mengen-, während prozedurale Sprachen satzorientiert sind. Wegen der Art und Weise der Problemformulierung und der Trennbarkeit von Auswahl- und Verarbeitungsphase treten jedoch zusätzliche Unterschiede auf.

Der Übersetzer einer deskriptiven Sprache muß die Spezifikation eines Resultats in eine Prozedur zum Bilden dieses Resultats transformieren. Wegen dieser zusätzlichen Abstraktionsstufe sind deskriptive Sprachen von höherer Ordnung als prozedurale. Zwischen den rein deskriptiven und den rein prozeduralen Sprachen gibt es viele Zwischenformen. So sind z. B. alle Sprachen, die für das relationale Modell entwickelt wurden, prinzipiell deskriptive Sprachen. Allerdings erfordern die algebraischen Sprachen (vgl. ISBL bei TOD76) die Beachtung der Rangfolge der Operatoren. In Abb. 3.2 ist die Beispielanfrage deskriptiv und in eigenständiger Form in SQL dargestellt.

Abb. 3.2: Deskriptive Problemformulierung mit SQL

```
SELECT FHKTCODE
FROM BESITZT
WHERE PNR = 99999
AND FHKTCODE IN
        SELECT FHKTCODE
        FROM MITARBEITER,VERLANGT
        WHERE PNR=99999
        AND MITARBEITER.APLNR=VERLANGT.APLNR;
```

Der erste (äußere) SELECT-Block gibt aus einem Tupel der Relation BESITZT, dessen PNR-Attribut 99999 enthält und dessen FHKTCODE in einer durch einen zweiten (inneren) SELECT-Block erzeugten Relation enthalten ist, die Komponente FHKTCODE aus. Die von der inneren SELECT-Anweisung gebildete Relation enthält die Fähigkeiten des Mitarbeiters, die am Arbeitsplatz gebraucht werden.

Abb. 3.3: Deskriptive und prozedurale Verwendung von SQL

```
%LET C1 BE
     SELECT FHKTCODE
     INTO %FCODE
     FROM BESITZT
     WHERE PNR=99999
     AND FHKTCODE IN
             SELECT FHKTCODE
             FROM MITARBEITER,VERLANGT
             WHERE PNR=99999
             AND MITARBEITER.APLNR=VERLANGT.APLNR
 %OPEN C1;
     IF SYR-CODE NE 'O.K.' THEN GOTO EOF;
     DO WHILE('1'B);
 %FETCH C1;
     IF SYR-CODE NE 'O.K.' THEN GOTO EOF;
        /*                           */
        /* Weiterverarbeiten von FCODE */
        /*                           */
     END;
 EOF: ...
```

Die Trennung von Auswahl- und Verarbeitungsphase ist am Beispiel der eingebetteten Verwendung von SQL aus Abb. 3.3 zu ersehen. Hier wird eine prozedurale Formulierung gezeigt. Ein Benutzer würde zu dieser Möglichkeit greifen, wenn er das Ergebnis der Abfrage z. B. in Form eines Berichts mit Überschriften gedruckt haben wollte. Als Wirtssprache wurde in Abb. 3.3 PL/I verwendet, wobei nur die für diesen Zweck relevanten Anweisungen dargestellt sind.

Die %LET-Anweisung beschreibt die Auswahl, die aus der Datenbank getroffen werden soll. Da das Ergebnis aus mehreren Tupeln bestehen kann, aber in der Programmvariablen FCODE jeweils nur ein Wert stehen darf, muß ein Zeiger C1 definiert werden, der es später erlaubt, die qualifizierenden Tupel nacheinander abzurufen. INTO %FCODE gibt an, daß die Tupelkomponente FHKTCODE der Programmvariablen FCODE zugewiesen werden soll. %OPEN C1 setzt den Zeiger vor das erste Ergebnistupel, überträgt aber noch keine Werte. Danach muß SYR-CODE, ein von SQL/DS verwalteter Code für außergewöhnliche Bedingungen, geprüft werden, z. B. um festzustellen, ob überhaupt qualifizierende Sätze vorhanden sind. Schließlich wird in einer Schleife mit %FETCH ein Tupel nach dem anderen in FCODE übertragen. In der Schleifenbedingung wird bei jedem Tupel überprüft, ob schon alle Tupel empfangen wurden. Die Auswahl aus der Datenbank ist immer noch deskriptiv und mengenorientiert, aber die Weiterverarbeitung erfolgt satzweise und prozedural. Vollständig prozedural sind schließlich alle die Sprachen, die sich am DBTG-Vorschlag orientieren. Dabei müssen auch die Zugriffspfade zu den Daten vom Benutzer programmiert werden. In Anlehnung an BACHMANN (BAC73), der den Anwender einer Datenbank mit einem Navigator vergleicht, bezeichnet man Sprachen dieser Art als "navigierend", da sie den vorgegebenen logischen Datenstrukturen (vgl. hier Abb. 2.15) folgen und dazu Operatoren bereitstellen müssen. Die wesentlichen Aspekte bei der herkömmlichen Problemformulierung mit prozeduralen Schnittstellen sind in Abb. 3.4 für DBTG-Datenbanken gezeigt.

Abb. 3.4: Prozedurale Problemformulierung in der DML nach DBTG

```
MITARBEITER.PNR = 99999;
FIND MITARBEITER RECORD;
IF DBSTATUS NE "O.K" THEN GOTO KEINMANN;
FIND OWNER OF CURRENT ERLEDIGT SET;
IF DBSTATUS NE "O.K" THEN GOTO KEINJOB;
DO WHILE ('1'B);
    FIND NEXT VERBINDUNG1 RECORD IN CURRENT VERLANGT SET;
    IF DBSTATUS NE "O.K" THEN GOTO EOF;
    FIND OWNER OF CURRENT GEBRAUCHT SET;
    DO WHILE ('1'B);
        FIND NEXT VERBINDUNG2 RECORD IN CURRENT AUSGEÜBT SET;
        IF DBSTATUS NE "O.K" THEN GOTO END1;
        FIND OWNER OF CURRENT BESITZT SET;
        GET PNR;
        IF MITARBEITER.PNR = 99999 THEN GOTO GEFUNDEN;
    END;
    GEFUNDEN: FIND CURRENT OF FÄHIGKEIT SET;
    GET FHKTCODE;
      /*                                      */
      /* Weiterverarbeiten FÄHIGKEIT.FHKTCODE */
      /*                                      */
END1:END;
EOF: ...
KEINMANN: ...
KEINJOB: ...
```

Da die PNR der Schlüssel im RECORD-Typ MITARBEITER ist, kann der RECORD für den Mitarbeiter 99999 mit der ersten FIND-Anweisung direkt gefunden werden. Durch Prüfen des DBSTATUS stellt man fest, ob überhaupt eine Ausprägung vorhanden ist. Falls ja, beginnt das Navigieren:

- zunächst wird der Arbeitsplatz des Mitarbeiters gesucht;
- dann werden über den Verbindungssatz VERBINDUNG1 die verlangten Fähigkeiten in einer Schleife gefunden;
- für jede gefundene Fähigkeit muß schließlich in einer zweiten Schleife geprüft werden, ob einer der Mitarbeiter, der die über den Verbindungssatz VERBINDUNG2 gefundene Fähigkeit besitzt, auch die Personalnummer 99999 hat;
- ist dies der Fall, muß der letzte RECORD vom Typ FÄHIGKEIT nochmals durch ein FIND lokalisiert werden;

- erst dann kann eine GET-Anweisung das Feld FHKTCODE in den Arbeitsbereich des Programms übertragen, wo es weiterverarbeitet werden kann.

Diese Beispiele machen deutlich, daß die prozeduralen Sprachen wegen ihrer großen Nähe zu der Maschine Sprachkonzepte verwenden, die durch das Mittel der Informationsverarbeitung und nicht durch die Tätigkeit des Anwenders gekennzeichnet sind. Andererseits wird jedoch deutlich, daß deskriptive Sprachen zwar leichter zu erlernen, aber hinsichtlich des Rechenaufwands sehr teuer sind, da insbesondere die Auswahl eines optimalen Zugriffspfads dem Basissystem überlassen bleibt.

3.3.3 Lineare Sprachen

Das Kriterium "linear" ermöglicht eine benutzerbezogene Klassifizierung hinsichtlich der Schreibweise von Problemformulierungen. Es kennzeichnet alle die Sprachschnittstellen aus, bei denen der Anwender ein Problem als eine sequentielle Folge von Zeichenketten eingibt. Diese Form der Eingabe war zwingend, als Bildschirmstationen noch nicht existierten oder einen nur geringen Verbreitungsgrad besaßen. Aus diesem Grund gibt es für alle heute gängigen Datenmodelle zumindest lineare Versionen der verwendeten Datenbanksprachen.

Bei der Analyse der Sprachformen der vorgeschlagenen linearen Schnittstellen können die DML nach dem Netzwerk- und dem hierarchischen Modell als Weiterentwicklungen verbreiteter Programmiersprachen betrachtet werden, die durch Funktionen zur Manipulation von Daten ergänzt wurden. Für das relationale Modell wurden hingegen eigenständige Sprachen entwickelt, die hier als Beispiele für lineare Schnittstellen dienen.

Ausgehend von der dem Relationenmodell zugrunde liegenden Theorie wurden Sprachen vorgeschlagen, die sehr stark durch eine mathematische

Terminologie bestimmt sind, wobei zwei Richtungen unterschieden werden können. Je nachdem, ob die Ausdrucksweise des Prädikatenkalküls oder der Relationenalgebra verwendet wird, differenziert man zwischen zwei prinzipiell verschiedenen Sprachtypen, die sich außer in ihrer Syntax vor allem in der Art der Problemformulierung und Verarbeitungslogik unterscheiden (COD72):

1) Prädikatenkalkülsprachen
   Die erwünschten Resultate werden durch die Eigenschaften oder Prädikate beschrieben, die die Elemente des Ergebnisses haben sollen.

2) Algebraische Sprachen
   Dabei handelt es sich um Sprachen, in denen die Resultate durch die Anwendung von mengentheoretischen Operationen auf Daten erhalten werden.

Ein Beispiel für eine algebraische Sprache ist ISBL, die Schnittstelle zu dem Datenbanksystem PRTV (PRTV = Peterlee Relational Test Vehicle (TOD76)). Die Anfrage für das verwendete Beispiel ist in Abb. 3.5 wiedergegeben.

Abb. 3.5: Lineare, algebraische Formulierung mit ISBL

```
LIST ((BESITZT: PNR=99999) % FHKTCODE)
    . (((MITARBEITER: PNR=99999) % APLNR) * VERLANGT)
```

Die LIST-Anweisung zeigt das Ergebnis des nachfolgenden Ausdrucks in einer Standardform. Der ISBL Ausdruck in Abb. 3.5 wird von links nach rechts abgearbeitet, wobei Klammerausdrücke Priorität haben. Die Ergebnisrelation wird als mengentheoretischer Durchschnitt (".") zweier Zwischenergebnisse, die beide nur eine Spalte (FHKTCODE) haben, gebildet. Die erste Relation enthält die vorhandenen, die zweite die am Arbeitsplatz verlangten Fähigkeiten des Mitarbeiters. Die erste Relation wird gebildet, indem aus der Relation BESITZT die Tupel ausgewählt werden (":"), die PNR=99999 enthalten; daraus werden durch die Anwendung des Projektionsoperators ("%") alle Spalten außer FHKTCODE entfernt. Das zweite Zwischenergebnis wird ähnlich dem ersten durch die relationale Algebra gewonnen, wobei die Tabelle zuerst horizontal danach vertikal zerlegt wird.

Die Schnittstellen der Prädikatenkalkülsprachen zerfallen selbst wieder in tupel- und domänenorientierte Formen (ULL80). Sprachen, bei denen die Variablen, die in den Formeln des Kalküls vorkommen, für Tupel stehen, heißen tupelorientiert. Formuliert jedoch der Anwender sein Problem mit Variablen, welche die Elemente der Tupel repräsentieren, sich also auf eine Domäne oder den zulässigen Wertebereich eines Attributs beziehen, spricht man von domänenorientierten Sprachen. Der daraus folgende Unterschied in der Problemformulierung wird nachfolgend verdeutlicht, wobei typische Vertreter der jeweiligen Sprachkategorie vorgestellt werden.

QUEL (Query Language), die Abfragesprache des Datenbanksystems INGRES (HEL75), gehört zu den tupelorientierten Prädikatenkalkülsprachen. In Abb. 3.6 ist die Formulierung des Beispiels in QUEL dargestellt.

Abb. 3.6: Tupelorientierte Problemformulierung mit QUEL

```
range of m is MITARBEITER
range of b is BESITZT
range of v is VERLANGT
  retrieve ( b.FHKTCODE )
  where b.PNR=99999
  and b.FHKTCODE=v.FHKTCODE
  and v.APLNR=m.APLNR
  and m.PNR=99999
```

Die Buchstaben m, b und v sind Tupelvariablen, die den Geltungsbereich der Anfrage begrenzen. So bezieht sich in Abb. 3.6 die Variable m nur auf Tupel der Relation MITARBEITER, die Variable b auf Tupel der Relation BESITZT und die Tupelvariable v gilt für die Relation VERLANGT. Die vierte Zeile drückt aus, daß von allen selektierten Tupeln b nur die

Komponente FHKTCODE gesucht ist. Die folgenden Zeilen schließlich beschreiben die Qualifikationsbedingungen, nämlich daß die PNR eines gesuchten Tupels b den Wert 99999 haben soll und daß es dazu ein Tupel v mit derselben FHKTCODE-Komponente geben soll.

Die Sprache EQBE ist die Benutzerschnittstelle des Systems IDAMS. EQBE kann sowohl in linearer als auch in zweidimensionaler Form verwendet werden. In beiden Fällen handelt es sich um eine domänenorientierte Sprache. Die Notation des verwendeten Beispiels ist in Abb. 3.7 wiedergegeben.

Das Resultat ist im EX-Operator spezifiziert. Die zur Ableitung des Ergebnisses benötigten Relationen werden durch ihre Namen und die notwendigen Attribute beschrieben. Die Bedingungen oder Prädikate für die Domänen können entweder als Konstante (PNR=99999) oder als Variable (APLNR=S) definiert und durch Vergleichsoperatoren den Attributen beigefügt werden.

Abb.3.7: Domänenorientierte Problemformulierung mit EQBE

```
[1] MITARBEITER [PNR=99999;APLNR=S]
[2] BESITZT [PNR=99999;FHKTCODE]
[3] VERLANGT [FHKTCODE;APLNR=S]
[4] EX FHKTCODE
```

Tupelorientierte Prädikatenkalkülsprachen setzen ein höheres Maß an mathematischem Verständnis voraus als domänenorientierte. Die leichtere Verwendbarkeit mag ihre Ursache darin haben, daß auch in der Umgangssprache die Angabe von Eigenschaften zur Beschreibung von Objekten verwendet wird.

SQL ist im wesentlichen eine domänenorientierte Prädikatenkalkülsprache, die aber algebraische Elemente enthält. Eine Formulierung für das bisher verwendete Beispiel ist in Abb. 3.2 gezeigt. Dabei wurden keinerlei algebraische Operationen verwendet. Das Aussehen und die Art der Problemformulierung ähnelt den Darstellungen bei EQBE. In Abb. 3.8 ist jedoch dieselbe Aufgabe in einer Schreibweise gelöst, die wie ISBL einen algebraischen Operator zur Durchschnittsbildung (INTERSECT) zweier Relationen verwendet.

Abb.3.8: Mischformulierung mit SQL

```
SELECT FHKTCODE
FROM BESITZT
WHERE PNR=99999

INTERSECT

SELECT FHKTCODE
FROM MITARBEITER,VERLANGT
WHERE PNR=99999
AND MITARBEITER.APLNR=VERLANGT.APLNR
```

Diese SQL-Formulierung verwendet statt des IN-Operators und des Verkettens von SELECT-Blöcken, wie es in Abb. 3.2 gezeigt wurde, zwei SELECT-Anweisungen auf gleicher Stufe, aus deren Resultaten durch eine mengentheoretische Durchschnittsbildung das Endergebnis erzeugt wird.

Die Anwendung komplexer Ausdrücke, welche bei algebraischen Sprachen notwendig sind, erfordert beim Anwender die Fähigkeit, formal denken und formulieren zu können, während die Beschreibung von Eigenschaften gesuchter Objekte eher dem gewohnten Sprachempfinden entspricht. In beiden Fällen jedoch muß der Benutzer bei der Formulierung der Anwendung eine Reihenfolge einhalten und kann mit der Problembeschreibung erst beginnen, wenn er zumindest gedanklich die Aufgabenstellung zu beherrschen glaubt.

3.3.4 Nicht-lineare oder graphische Sprachen

Die immer stärkere Verbreitung von Bildschirmgeräten gestattet benutzergerechtere Formen der Kommunikation zwischen einem EUS und den Anwendern, als dies bei linearen Sprachen der Fall ist. Insbesondere kann eine größere Freiheit bei der Problemformulierung erreicht werden, da die Anwender nicht mehr an eine starre Schreibweise gebunden sind, sondern das zweidimensionale Eingabemedium Bildschirm mit seinen vielfältigen Darstellungsmöglichkeiten nutzen können. Diese Abhängigkeit der Gestaltung von Schnittstellen von den verfügbaren Kommunikationsmedien läßt in Zukunft bis hin zur Spracheingabe eine interessante Entwicklung erwarten. Der generelle Trend ist z. Zt. allerdings durch ein Verdrängen von schriftlichen durch visuelle Kommunikationsformen gekennzeichnet, bei denen der Benutzer graphische Metasymbole verwendet (SIK82). Es ist allerdings noch keineswegs gesichert, ob es sich dabei nicht nur um eine Übergangsform handelt, da der funktionale Vorrat visueller Sprachen limitiert bleiben muß, um nicht den Anwender durch die Vielzahl von graphischen Symbolen zu überfordern, die dann doch wie eine Programmiersprache gelernt werden müßten. Daher sollen nachfolgend Kompromisse zwischen schriftlicher und graphischer Kommunikation demonstriert werden.

QBE (Query-by-Example (ZLO75)) und EQBE sind beides domänenorientierte Prädikatenkalkülsprachen, die jedoch dem Anwender eine nicht-lineare, graphische Schnittstelle zur Verfügung stellen, wobei in vom System vorgegebenen Rastern Leerstellen ausgefüllt werden müssen. Die Problemformulierung braucht nicht als sequentielle Zeichenkette eingegeben zu werden, sondern sie ist durch das interaktive Ausfüllen eines Formulars das Ergebnis eines Dialogs zwischen Benutzer und System. Beide Schnittstellen vereinigen die Vorteile der benutzerfreundlichen systemgetriebenen mit den flexiblen benutzergetriebenen Dialogformen, indem sie für die Vorbereitungsphase den "Block Screen Mode" benutzen, die eigentliche Problemformulierung aber dem Anwender überlassen. Der dabei für QBE typische Dialog soll nachfolgend gezeigt werden.

Zu Beginn der Kommunikation erscheint das in Abb. 3.9 dargestellte leere Raster (Skeleton) auf dem Bildschirm, das dem Anwender als Ausgang für weitere Anforderungen an das System dient.

Abb. 3.9: Raster in QBE

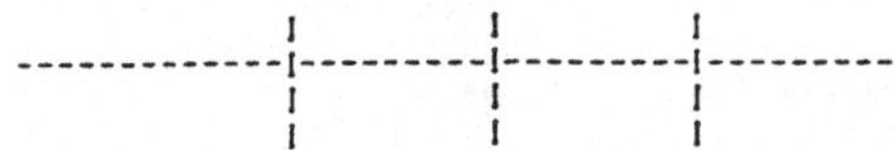

Der Benutzer trägt nun am Bildschirm den Namen eines gewünschten Objekts ein, z. B. MITARBEITER. Wenn dem Objektnamen das Ausgabesymbol "P." folgt, erzeugt QBE das Raster für diese Tabelle auf dem Bildschirm und schreibt in die Kopfzeile der Maske den Tabellen- und die Spaltennamen. Dieser Vorgang kann für die weiteren gewünschten Relationen wiederholt werden. In Abb. 3.10 sind alle für das Beispiel notwendigen Raster dargestellt.

Abb. 3.10: Datenstrukturen zur Problemformulierung mit QBE

MITARBEITER	PNR	NAME	...	APLNR
			...	
			...	

BESITZT	PNR	FHKTCODE

VERLANGT	APLNR	FHKTCODE

Der Benutzer formuliert nun seine Abfrage durch Eintragen von Symbolen, Schlüsselwörtern, Konstanten und "Beispielelementen" in die Leerstellen dieser Raster. Für das gegebene Beispiel hat der Bildschirm danach das in Abb. 3.11 gezeigte Aussehen. Die graphische Eingabe wird vom System in eine lineare Sprache übertragen, die dann von einem Übersetzer weiterverarbeitet wird.

Abb. 3.11: Nicht-lineare Problemformulierung mit QBE

MITARBEITER	PNR	NAME	...	APLNR
	99999		...	_777

BESITZT	PNR	FHKTCODE
	99999	P._YYY

VERLANGT	APLNR	FHKTCODE
	_777	_YYY

In die dafür vorgesehenen Leerstellen werden Variablen, Konstanten oder Kommandos eingetragen. Diese Variablen nennt man in QBE Beispielelemente (example elements), da sie vom Benutzer so gewählt werden können, als ob sie ein Beispiel für ein zu erwartendes Ergebnis wären. In Abb. 3.11 sind _777 und _YYY solche Beispielelemente. Neben Variablen können jedoch auch Konstanten, z. B. 99999, und Kommandos in die Raster geschrieben werden. "P." ist ein solches Kommando und bedeutet, daß Werte aus dieser Spalte, die den angegebenen Bedingungen genügen, ausgegeben werden sollen.

Ein anderer Vorschlag zum effizienten Ausnutzen der Möglichkeiten von Bildschirmgeräten für EUS-Schnittstellen stammt von SENKO (SEN80). Bei seinem Ansatz braucht der Anwender nicht einmal die Tastatur eines Bildschirms zu benutzen. Die Sprache FORAL-LP (LP = Lightpen) arbeitet mit einer auf dem Bildschirm angezeigten Netzwerkstruktur, die neben dem

Datenstrukturgraphen noch eine Liste der verfügbaren Operationen und alle für Konstanten zugelassenen Zeichen enthält. In Abb. 3.12 ist für das Beispiel ein möglicher Bildschirm dargestellt, wobei sich oben links ein Feld befindet, das vom System für Mitteilungen an den Benutzer oder für die lineare Anzeige der Problemformulierung verwendet wird.

Abb. 3.12: Nicht-lineare Problemformulierung mit FORAL-LP

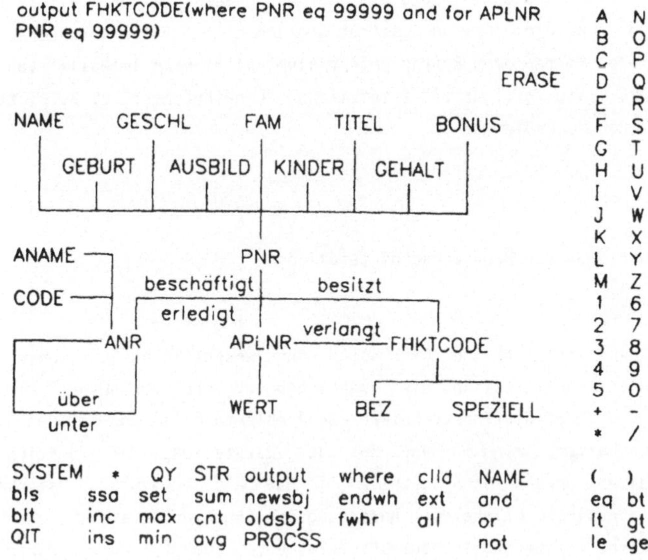

Abgesehen von dem Text im Mitteilungsfeld, beginnt eine Sitzung mit dem in Abb. 3.12 gezeigten Bildschirm. Der Benutzer formuliert eine Abfrage durch Antippen der gewünschten Felder auf dem Bildschirm mit einem Lichtstift. Die ausgewählten Elemente werden vom System zu einer

FORAL-Anweisung zusammengefügt, wobei zusätzliche Trennsymbole zur Verbesserung der Lesbarkeit des erzeugten Ausdrucks im Nachrichtenfeld hinzugefügt werden.

Nicht-lineare Schnittstellen geben dem Benutzer ein hohes Maß an Freiheit bei der Problemformulierung. Sie sind ein universelles Instrument, das die individuellen Gewohnheiten der Anwender bei der Rechnernutzung unterstützt. Allerdings sind graphische oder nicht-lineare Benutzerschnittstellen stark von den physischen Beschaffenheiten, insbesondere der Gerätegröße und dem Auflösungsvermögen der Bildschirme abhängig. Komplexe Anwendungsstrukturgraphen im Falle von FORAL-LP, bzw. viele Raster oder Raster mit vielen Attributen im Falle von QBE oder EQBE, sind oft nur mit zusätzlichen Einrichtungen, z. B. Blättern (scrolling) zu bedienen.

3.4 Funktionen von Benutzerschnittstellen

Nachfolgend erfolgt eine Diskussion der wesentlichen Funktionen von Endbenutzerschnittstellen, die unabhängig von den vorhandenen Dialogformen und Präsentationstechniken zur Problemformulierung in den Sprachen enthalten sein müssen. Bei der Darstellung der funktionalen Fähigkeiten werden Schnittstellen in EUS als erweiterte Datenbanksprachen gesehen, welche die Anwendung von Benutzeroperatoren innerhalb eines einheitlichen Sprachkonzepts erlauben. Zunächst werden daher die Datenbankoperationen, d. h. Auswahl, Hinzufügen, Ändern und Löschen, beschrieben. Neben diesen Basisfunktionen sind sogenannte Kontrollelemente für die Benutzerschnittstelle notwendig. Diese haben nicht unmittelbar mit dem EUS zu tun, sind aber zum Weiterverarbeiten selektierter Daten und zur Vorbereitung der Problemformulierung notwendig.

Nicht behandelt werden all jene Funktionen und Sprachelemente, die zur Definition der verwendeten Objekte gebraucht werden, d. h. Erzeugen und Entfernen von Datentypen und Benutzeroperatoren. Ebenfalls sind die Operationen, die zur Aufbereitung der Präsentation von Ergebnissen dienen, nicht Gegenstand der folgenden Ausführungen.

3.4.1 Auswahl

Die am häufigsten verwendete Funktion von Schnittstellen in EUS unterstützt die Auswahl an Informationen aus der Datenbank. Diese Operation ist die Voraussetzung aller weiteren Funktionen, da auch beim Ausgeben, Verändern, Löschen oder Weiterverarbeiten die entsprechenden Objekte erst lokalisiert werden müssen. Selbst beim Einfügen wird häufig zuerst die Position bestimmt, an der ein Objekt in der Datenbank abgelegt werden soll.

Die gesuchten Daten können so gespeichert oder aus diesen ableitbar sein. Dieser Unterschied muß dem Benutzer verborgen bleiben. In Abb. 3.1 wurde eine funktionale Syntax eingeführt, wobei das FIND-Kommando auf eine im Schema beschriebene Datenstruktur zugreift und eine Kollektion von Daten zurückgibt, die den in der Qualifikation angegebenen Bedingungen entsprechen. Die Ergebnisdaten können wiederum als verarbeitbare Datenstrukturen definiert sein und danach z. B. einem Berichtsgenerator, einem graphischen Paket oder einem Benutzeroperator als Eingabe dienen.

Nachfolgend soll am Beispiel einer prozeduralen und einer deskriptiven Sprache gezeigt werden, welche unterschiedlichen Selektionsverfahren möglich sind und vom Anwender beherrscht werden müssen. In beiden Sprachformen müssen die gewünschten Datensätze, welche die gesuchten Informationen oder Teile davon enthalten, in der Datenbank lokalisiert werden. Dazu muß der Benutzer zunächst wissen, welcher Satztyp (RECORD, SEGMENT, TABLE) die gesuchten Daten enthält. Dann sind unter allen Ausprägungen dieses Typs die richtigen Sätze auszuwählen, was entweder durch eine eindeutige Identifikation, durch die Beziehungen des Satzes zu anderen Datensätzen oder durch Bedingungen für die Inhalte von Attributen geschehen kann. Im Qualifikationsausdruck werden z. B. die folgenden Bedingungen häufig angetroffen:

- Keine Bedingung:
  wenn keine Qualifikation spezifiziert wird, werden alle Ausprägungen der im FIND-Kommando beschriebenen Datenstruktur zurückgegeben.

- Gleichheit:
  Ein Attribut wird einer Konstanten oder dem Inhalt eines anderen Attributs gleichgesetzt.

- Arithmetische Beziehungen:
  Durch Vergleichsoperatoren, z. B. größer als, kleiner als, usw., werden entweder Attribute miteinander oder mit Konstanten in Beziehung gebracht.

- Assoziative Suche:
  Dabei wird nach Ausprägungen von Objekten gesucht, die entweder einer vorgegebenen Zeichenkette entsprechen oder diese Zeichenkette enthalten.

- Alternative Werte:
  Die Ausprägungen von Attributen sollen zumindest einem Wert aus einer spezifizierten Werteliste entsprechen.

- Bereiche:
  Die Ausprägungen von Attributen sollen innerhalb der beschriebenen Ober- und Untergrenzen liegen oder zu einer definierten endlichen Wertemenge gehören.

- Existenz:
  Es wird überprüft, ob ein bestimmter Wert in der Datenbank vorkommt.

- Zeitbezogene Bedingungen:
  Besonders für Anwendungen im Bürobereich sind Operationen hilfreich, die Werte aus einer Datenbank abrufen können, welche entweder für eine bestimmte Zeit, vor oder nach einem Datum oder genau zu einem festen Termin Gültigkeit hatten.

- Komplexe Bedingungen:
  mit Hilfe von Booleschen Operatoren - UND/ODER/NICHT - können aus einfachen Qualifikationsausdrücken komplexere Bedingungen erzeugt werden.

Welche Bedingungen davon angewendet werden können, hängt von der Mächtigkeit der Sprache und vom Typ der Attribute ab. Die hier skizzierte Auswahl von Daten nach dem Inhalt von Attributen ist jedoch nur eine von mehreren Vorgehensweisen.

Am Beispiel der DML des DBTG-Vorschlags (vgl.CDA78) soll erläutert werden, welche Mittel navigierende Sprachen im Netzwerkmodell anbieten. Ein Anwendungsbeispiel für die nachfolgenden Ausführungen findet sich in Abb. 3.4. Um allerdings die Semantik der dort verwendeten Kommandos zur Datenselektion verstehen zu können, sollen zuerst drei Konzepte der Schnittstelle zwischen der Datenbanksprache und der Wirtssprache vorgestellt werden.

1) Im Arbeitsbereich eines Anwendungsprogramms muß für jeden RECORD-Typ, der im verwendeten Subschema vorkommt, eine Struktur definiert werden, die denselben Aufbau wie der RECORD hat. Diese Struktur dient zur Aufnahme von Datenelementen, ehe sie mit einer STORE-Anweisung gespeichert wird. Sie wird als Senke für RECORDS, welche mit einer GET-Anweisung gefunden wurden, oder zur Übergabe von Parametern für Suchbedingungen an eine FIND-Anweisung verwendet.

2) Um jederzeit zu wissen, an welcher Stelle man sich in einem Netzwerk befindet, muß ein Positionssystem (Currency) vorhanden sein. Darunter kann man sich "Zeiger" vorstellen, die vom System gewartet werden und auf jene Stellen in der Datenbank zeigen, die durch den bisherigen Verarbeitungsvorgang erreicht wurden. Die wichtigsten Positionszeiger werden nachfolgend charakterisiert:

   a) Der "Programm-Zeiger" verweist auf jene Stelle im gesamten Netzwerk, die zuletzt erreicht wurde.

   b) Der "SET-Zeiger" verweist auf jenen RECORD in einem SET, sei es ein OWNER- oder MEMBER-Record, der zuletzt erreicht wurde. Für jeden SET wird ein separater Zeiger geführt.

c) Der "RECORD-Zeiger" verweist auf die RECORD-Ausprägung, die zuletzt erreicht wurde, wobei wieder für jeden RECORD-Typ ein RECORD-Zeiger existiert.

3) Der Datenbankstatus ist eine Art Register, das Informationen an den Anwender gibt, woraus dieser den Erfolg einer Anweisung bei deren Ausführung überprüfen kann. Im Normalfall, d. h. bei einer erfolgreichen Aktion, ist der Datenbankstatus "O.K", ansonsten enthält er einen Code, der die außergewöhnliche Bedingung, die eingetreten ist, näher spezifiziert. Neben Fehlerbedingungen wird so z. B. angezeigt, daß ein gesuchter RECORD nicht gefunden wurde oder daß ein RECORD wegen Verletzung einer Integritätsbedingung nicht gespeichert oder gelöscht werden konnte.

Der Auswahlvorgang selbst läßt sich in vier Schritte zerlegen:

1) Einstieg in das Netzwerk,
2) navigieren im Netzwerk zum gesuchten RECORD,
3) kopieren des RECORDS in den Arbeitsbereich und
4) überprüfen weiterer Bedingungen für die Feldinhalte.

Die Schritte (1) und (2) übertragen noch keine Daten, sondern positionieren nur die Zeiger im Netzwerk. Dazu wird die FIND-Anweisung verwendet. Erst wenn dies geschehen ist, kann das Kopieren des RECORDS in den Arbeitsbereich durch eine GET-Anweisung erfolgen. Jegliche Weiterverarbeitung des Satzes wird mit Sprachkonstrukten der Wirtssprache formuliert.

Der eigentliche Auswahlvorgang wird durch das FIND-Kommando vorgenommen, wobei zumindest sechs Selektionsverfahren unterschieden werden können (vgl.ULL80,MAN78):

1) Direktes Finden eines RECORDS mit Hilfe des DATA-BASE-KEY:
Der DATA-BASE-KEY ist eine speicherplatzbezogene, eindeutige Benennung einer Satzausprägung. Für alle Datenbanksätze wird eine Liste dieser Identifikationen geführt. Mit der Anweisung

FIND FIRST / LAST WITHIN keep-list-name

kann der Programm-Zeiger auf den gesuchten RECORD gesetzt werden. Allerdings ist diese direkte Suche nur möglich, wenn der RECORD zuvor im Programm schon einmal lokalisiert wurde.

2) Direktes Finden eines RECORD mit Hilfe des RECORD-KEY:
Im Datenbankschema kann man ein oder mehrere Felder eines RECORDS als RECORD-KEY definieren. Zu solchen RECORDS kann man dann direkt zugreifen, indem man zunächst die KEY-Felder in der zum RECORD gehörenden Struktur im Arbeitsbereich auf die gewünschten Werte setzt und dann für die FIND-Anweisung nachfolgendes Format verwendet:

FIND record-name RECORD

3) Finden weiterer RECORDS mit Hilfe des RECORD-KEY:
Wenn ein RECORD-KEY einen RECORD nicht eindeutig identifiziert, d. h. wenn der Schlüssel nicht eindeutig ist, so findet man nur eine Ausprägung. Für die übrigen muß das Schlüsselwort DUPLICATE verwendet werden. Ist der RECORD-KEY sortiert, so kann man mit FIND NEXT den nächsten RECORD in der RECORD-KEY-Ordnung positionieren.

4) Finden eines RECORDS innerhalb einer SET-Ausprägung:
Man kann sich die Mitglieder einer SET-Ausprägung, d. h. einen OWNER und je nach SET, keinen, einen oder mehrere MEMBERS ringförmig aneinander gekettet vorstellen. Mit der folgenden Version des FIND-Befehls

FIND NEXT record-typ RECORD IN CURRENT set-name SET

lokalisiert man das nächste Glied in diesem Ring, wobei man von der derzeitigen Position des SET-Zeigers ausgeht. Die FIND-Anweisung kann zusätzlich noch Bedingungen enthalten. Dann wird nur nach jenen RECORDS gesucht, bei denen die gefundenen Felder mit den Werten übereinstimmen, die im Arbeitsbereich in den entsprechenden Strukturen stehen.

5) Finden des OWNERS einer SET-Ausprägung:
Das fünfte FIND-Format wurde in die DML aufgenommen, um den OWNER einer aktuellen SET-Ausprägung zu identifizieren. Die entsprechende Anweisung lautet:

FIND OWNER OF CURRENT set-name SET.

6) Finden eines RECORDS über den SET- oder RECORD-Zeiger:
Da ein RECORD nur dann in den Arbeitsbereich übertragen werden kann, wenn der Programm-Zeiger auf ihn weist, er aber eventuell schon durch andere Zeiger lokalisiert ist, kann der Suchvorgang in der folgenden Weise verkürzt werden.

FIND CURRENT OF set-name SET

oder

FIND CURRENT OF record-name RECORD.

Dieses Verfahren kopiert den Inhalt der SET-Zeiger Liste oder der RECORD-Zeiger Liste in den Programmzeiger.

Die FIND-Anweisungen setzen nur den Programm-Zeiger auf den gesuchten RECORD, übertragen die Daten aber nicht in den Arbeitsbereich. Dies geschieht schließlich durch das GET-Kommando, dessen einfache Syntax nachfolgend gezeigt wird.

GET feld-namen-liste

Dabei werden jedoch nur die Datenausprägungen kopiert, die durch eine Qualifikation im FIND-Kommando vorselektiert wurden, andernfalls werden alle RECORD-Ausprägungen übertragen.

Hierarchische Strukturen sind spezielle Netzwerke und besitzen folglich in etwas eingeschränktem Umfang dieselben Verfahren und Vorgehensweisen bei der Datenauswahl.

Benutzeroperatoren sind innerhalb der Wirtssprachen, z. B. durch Unterprogrammaufrufe, verwendbar und beziehen sich dann auf die Daten im Arbeitsbereich. Für den Endbenutzer sind allerdings prozedurale Sprachen zu komplex. Daher sollen nachfolgend die Vorschläge und Operatoren der Sprachen für das relationale Modell vorgestellt werden[1].

---

[1] Im Rest dieses Abschnitts werden die relationalen Operatoren formal definiert. Da anschließend Beispiele dargestellt werden, kann dieser Teil nachträglich gelesen werden.

Algebraische Sprachen benötigen Operationen, deren Operanden Relationen sind und die neue Relationen erzeugen. Die folgenden fünf grundlegenden Operationen müssen in einer algebraischen Datenbanksprache direkt oder indirekt ausdrückbar sein:

1) Vereinigung
Die dyadische Operation "+" ist die mengentheoretische Vereinigung zweier Relationen. R+S ist nur gültig, wenn beide Relationen R und S die gleichen Attribute haben. Das Resultat ist die Relation, die alle Tupel enthält, die in R oder in S enthalten sind.

2) Differenz
Die Differenz R-S zweier Relationen R und S mit gleichen Attributen ist die Menge aller Tupel von R, die nicht in S enthalten sind.

3) Projektion
Eine Projektion einer Relation entsteht, wenn ein nicht genanntes Attribut weggelassen wird, die verbleibenden Spalten umsortiert werden und im Ergebnis mehrfach auftretende Tupel nur einmal aufgeführt sind. Die Projektion R % $A_1,A_2,\dots,A_n$, wobei die A_i Attributnamen von R sind, ist eine Relation mit den Attributen $A_1,A_2,\dots,A_n$. Sei t ein beliebiges Tupel aus R, und mit $t.A_i$ werde die Komponente von t bezeichnet, die zum Attribut Ai gehört. Dann ist R % $A_1,A_2,\dots,A_n$ die Menge aller Tupel t, zu denen es ein Tupel r aus R gibt mit $t.A_1=r.A_1$ und $t.A_2=r.A_2$ und ... und $t.A_n=r.A_n$.

4) Kartesisches Produkt
Seien R eine Relation mit den Attributen R_1, $R_2,\dots,R_n$ und S eine Relation mit den Attributen $S_1,S_2,\dots,S_m$. Dann ist das kartesische Produkt R*S eine Relation mit den Attributen $R_1,R_2,\dots,R_n,S_1,S_2,\dots,S_m$. Ist ein R_i einem S_j gleich, so müssen sie durch Rollennamen unterschieden werden. R*S ist die Menge aller geordneten Tupel t=(r,s) mit ($t.R_1=r.R_1$ oder ... oder $t.R_n=r.R_n$) oder ($t.S_1=s.S_1$ oder ... oder $t.S_m=s.S_m$).

5) Selektion

Die Selektion R : p wählt aus der Relation R alle die Tupel aus, die ein Prädikat p erfüllen. Für diese Prädikate gilt, was eingangs über Qualifikationsbedingungen gesagt wurde. Meist ist es möglich, aus den einfachen Bedingungen über ein Feld durch logische Verknüpfungen (ODER, UND, NICHT) komplexere Prädikate zu bilden. Diese logischen Verknüpfungen sind jedoch nicht notwendig, da sie durch die mengentheoretischen Operationen ersetzt werden können.

Von besonderer Bedeutung für relationale Sprachen ist der Verbund, der zwar aus den besprochenen Operatoren abgeleitet werden kann, jedoch häufig gebraucht und daher von vielen Systemen als eigenständige Operation vorgesehen wird.

6) Verbund (Join)

Ein Verbund ist bestimmt durch zwei Relationen R und S, einem Attribut R_i aus R, einem Attribut S_j aus S und einem beliebigen Vergleichsoperator "op". Er ist die Teilmenge des kartesischen Produkts T = R*S, deren Tupel die Bedingung $T.R_i$ op $T.S_j$ erfüllen. Durch den Verbund werden Beziehungen zwischen verschiedenen Relationen assoziativ hergestellt. Zur Verdeutlichung soll gezeigt werden, wie ein Verbund zwischen zwei Relationen vom System unterstützt gebildet wird:

a) Bilde das kartesische Produkt R*S.

b) Für jedes Attribut A, das sowohl in R als auch in S vorkommt, wähle nur jene Tupel t aus R*S, für die die Komponenten R.A und S.A übereinstimmen.

c) Streiche für jedes solche A die Spalte S.A.

Abb. 3.5 zeigt für ISBL, wie diese Operationen zu einem Ausdruck zusammengesetzt werden können. Dabei ist "." das Zeichen für den Durchschnitt, ":" für die Selektion, "%" für die Projektion und "*" für den Verbund. Der Verbund wurde für SQL in der Abb. 3.2 in der inneren SELECT-Anweisung und bei QUEL in Abb. 3.6 verwendet. In beiden Fällen werden über identische Attribute Beziehungen zwischen mehreren Relationen definiert. QBE in Abb. 3.11 und EQBE in Abb. 3.7 verwenden dieselben Variablen bei Attributen, deren Werte einer Domäne zugeordnet werden können.

Bei Prädikatenkalkülsprachen wird die Ergebnisrelation durch die Eigenschaften (Prädikate) der Tupel beschrieben. Die Bausteine der Prädikate nennt man auch Atome. In einer tupelorientierten Schreibweise wird nachfolgend die Form von Atomen definiert, wobei wie in Abb. 3.6 kleine Buchstaben für die Tupelvariablen stehen.

1) Atome sind von der Form R(s), wobei R eine Relation ist. Sie drücken aus, daß das Tupel s in der Relation R enthalten ist;

2) Atome können ein Vergleich sein, wie er oben unter den allgemeinen Auswahlbedingungen beschrieben wurde. Dann sind die Operanden entweder Konstanten oder Tupelkomponenten.

Einfache Atome werden mit Hilfe logischer Operationen zu komplexeren Formeln zusammengesetzt. Damit eine Formel gültig ist, benötigt man den Begriff der "freien" und der "gebundenen" Variablen aus der mathematischen Logik. Grob gesprochen ist eine Variable frei, wenn sie nicht durch einen Quantor ("für alle", "es existiert") für eine endliche Wertemenge gebunden ist. In Anlehnung an ULLMAN (ULL80) wird dann der Begriff "Formel" folgendermaßen definiert:

- Jedes Atom ist eine Formel. Jedes Auftreten einer Tupelvariablen ist frei in dieser Formel.

- Wenn f_1 und f_2 Formeln sind, dann auch: f_1 ODER f_2, f_1 UND f_2 und NICHT f_2. Das Auftreten einer Tupelvariablen ist frei oder gebunden, je nachdem, wie ihr Auftreten in der entsprechenden Teilformel ist. D. h., daß eine Variable in einem Teil einer Formel frei, in einem anderen gebunden vorkommen kann.

- Wenn f eine Formel ist, dann ist auch (ex s)(f) eine Formel. Dabei symbolisiert "ex" einen Existenzquantor. Ein freies Auftreten von s in f wird durch (ex s) gebunden. Jedes gebundene Auftreten von s in f und jedes Auftreten einer anderen Variablen in f bleibt unberührt. Der Ausdruck (ex s)(f) hat in diesem Zusammenhang die Bedeutung, daß es einen Wert für s gibt, so daß, wenn dieser Wert für jedes Auftreten von s in f eingesetzt wird, die Formel f wahr ist. Z. B. sagt (ex s)(R(s)), daß die Relation R nicht leer ist.

- Wenn f eine Formel ist, dann ist (für alle s)(f) eine Formel. Dabei steht "für alle" für den Allquantor. Er bindet Variablen genau wie der Existenzquantor. Die Formel (für alle s)(f) sagt aus: Welches Tupel auch für jedes Auftreten der Variablen s in f eingesetzt wird, die Formel f ist immer wahr. Allerdings müssen dann die richtigen Tupelkomponenten ausgewählt sein.

- Durch eine geeignete Klammerung kann die Reihenfolge der Abarbeitung festgelegt werden. Außer den vorigen Definitionen ist nichts sonst eine zulässige Formel.

Ausdrücke in domänenorientierter Schreibweise unterscheiden sich nur unwesentlich von den tupelorientierten Prädikatenkalkülsprachen. Statt Tupelvariablen werden Domänenvariablen verwendet, d. h., die Tupelvariablen sind zu ersetzen durch Tupel von Domänenvariablen und die Komponenten eines Tupels durch die entsprechenden Domänenvariablen. Die Quantifizierung erfolgt über die Domänenvariablen. Die Definition von Formeln und von freien und gebundenen Variablen kann analog übertragen werden.

Die Syntax der Prädikatenkalkülsprachen, z. B. QUEL (Abb. 3.6), QBE (Abb. 3.11), EQBE (Abb. 3.7) und SQL (Abb. 3.2, Abb. 3.8), ist zum Teil davon abweichend allerdings erkennt man deutlich die atomaren Bausteine der Qualifikationskomponente und die Rolle der Tupel- bzw. Domänenvariablen. In der Praxis wird es jedoch nicht immer einfach sein, festzustellen, ob eine Datenbanksprache alle Funktionen zur Datenauswahl enthält, da manche Sprachen Mischungen unterschiedlicher Konzepte sind.

3.4.2 Modifikation

Datenbanken stehen in der Regel den Anwendern mehrerer EUS gemeinsam zur Verfügung. Wenn dabei ausschließlich Analysearbeiten vorgenommen werden, genügt es, in der Schnittstelle Funktionen für die Auswahl von Daten bereitzustellen. Der überwiegende und auch allgemeinere Anwendungsfall verlangt jedoch, daß die Datenbank die Veränderungen der realen Welt möglichst unmittelbar widerspiegelt. Die Reflektion dieser Vorgänge wird mit Hilfe von Modifikationsoperatoren nachvollzogen, worunter im einfachsten Falle das Hinzufügen und das Löschen von Objekten in der Datenbank verstanden wird. Die Veränderung von bereits bestehenden Inhalten ist eine Folge der sequentiellen Anwendung dieser beiden Operatoren. Aus der Sicht des Anwenders beziehen sich die Modifikationsfunktionen nur auf die dem jeweiligen Benutzer zur Verfügung stehende Datensicht. Allerdings können Fälle auftreten, bei denen andere Anwendungen durch die Modifikationen von Objekten betroffen werden. So werde z. B. für die Datenbank in Abb. 2.19 die Stellenbeschreibung für einen Arbeitsplatz A modifiziert, indem eine zusätzliche Fähigkeit F gefordert wird. Dies kann folgende Auswirkungen auf die Datenbank haben:

1) In jedem Fall muß die Beziehung VERLANGT um das Paar (A,F) ergänzt werden.

2) Wurde bisher die Fähigkeit F im Unternehmen noch nicht gebraucht, dann muß neben der Relation VERLANGT auch noch die Tabelle FÄHIGKEIT modifiziert werden.

3) Falls auch noch gleichzeitig geprüft wird, ob für den Arbeitsplatz weitere Mitarbeiter gebraucht werden, muß MITARBEITER in die Modifikation miteinbezogen werden.

Die Berücksichtigung der Auswirkungen von lokalen Änderungen auf die Datenbank wird durch die Konsistenzbedingungen beschrieben, wie sie im Kapitel 2.2.4 behandelt wurden. Hier wird davon ausgegangen, daß das Integritätssubsystem genügend Gewähr dafür bietet, die Datenbank mit dem abzubildenden System konsistent zu halten.

Wie bei der Selektion von Daten, so sind auch die Modifikationsoperatoren von den verwendeten Objekttypen abhängig. Je vielfältigere Möglichkeiten im Basissystem zur Definition von unterschiedlichen Objekttypen existieren, desto komplexer wird die Schnittstelle zur Durchführung von Modifikationen. Für die bisher besprochenen Basissysteme sind folgende Fälle bei Änderungen zu unterscheiden:

- Hinzufügen von Datensätzen,
- Löschen von Datensätzen,
- Verändern schon gespeicherter Datenfelder,
- Hinzufügen von Beziehungen,
- Löschen von Beziehungen.

Ändern und Löschen eines Satzes setzt voraus, daß der betroffene Satz in der Datenbank lokalisiert worden ist. Dazu dienen die gleichen Funktionen wie für die Auswahl. Dem Hinzufügen geht immer dann ein Suchvorgang voraus, wenn die Datensätze geordnet sind und die Stelle, an der der neue Satz einzufügen ist, durch die Anwendung bestimmt wird.

Nachfolgend werden, wie schon bei der Selektion, anhand der prozeduralen DML nach dem DBTG-Modell und SQL, der Sprache von SQL/DS, die Unterschiede beim Beschreiben von Veränderungen dargestellt.

Im Netzwerkmodell hat die Anweisung zum Einfügen eines Satzes die einfache Form:

```
STORE record-name
```

Zuvor muß allerdings der Programmierer die Struktur des zu modifizierenden Satzes im Arbeitsbereich aufbereitet haben. Die STORE-Anweisung speichert dann den neuen RECORD in die Datenbank. Dabei laufen, für den

Benutzer nicht sichtbar, unter Umständen eine Anzahl zusätzlicher Aktionen ab, wie Ergänzen des Indexes, Prüfung auf Duplikate, usw.

Die Zuordnung des neuen RECORDS zu einer bestimmten SET-Ausprägung kann "automatisch" oder "manuell" erfolgen. Darüber, wie sie erfolgen soll, muß schon bei der Schemadefinition entschieden werden, ebenso wie über den Algorithmus, der bei automatischer Zuordnung die entsprechende SET-Ausprägung auswählt. Die verschiedenen Formen wurden im Kapitel 2.2.4 diskutiert. Bei manueller Zuordnung wird der RECORD zunächst ohne Zuordnung zu einer SET-Ausprägung gespeichert und die Zuordnung anschließend mit einer CONNECT-Anweisung hergestellt. Diese hat die Form:

CONNECT record-name TO set-name

Dabei muß der SET-Zeiger für 'set-name' auf ein Mitglied der SET-Ausprägung, die den neuen RECORD aufnehmen soll, zeigen. Der Programm-Zeiger deutet auf den neuen RECORD. Die CONNECT-Anweisung wird nur ausgeführt, wenn der Programm-Zeiger auf einen RECORD vom Typ 'record-name' weist, dieser Satz ein MEMBER-Typ des SETS 'set-name' ist und wenn keine Integritätsbedingungen verletzt werden.

Die Anweisung zum Löschen eines Satzes hat die Form:

ERASE (ALL) record-name MEMBERS

Zuvor muß der Programm-Zeiger auf den zu löschenden Satz gestellt werden. Ob eine ERASE-Anweisung ausgeführt wird und welche Wirkung sie hat, hängt von der RETENTION-Option in der Schemadefinition und von der Angabe von ALL ab. Wenn z. B. ALL nicht spezifiziert ist, kann ein RECORD, der OWNER einer SET-Ausprägung ist, nur gelöscht werden, wenn die MEMBERS als OPTIONAL oder als FIXED erklärt sind. Ist ALL verwendet, dann kann der RECORD immer gelöscht werden und alle an ihm hängenden MEMBERS werden mitentfernt, falls diese zugleich OWNER sind, dazu auch deren MEMBERS usw. In der Datenbank nach Abb. 2.15 bedeutet dies, daß ein ABTEILUNGS-RECORD mit einem ERASE ohne ALL nur gelöscht werden kann, wenn die SET-Ausprägung des SETS BESCHÄFTIGT, deren OWNER er ist, keine MEMBERS mehr besitzt, d. h. die Abteilung keine Mitarbeiter mehr hat. Ein ERASE ALL würde gleichzeitig alle Mitarbeiter-RECORDS dieser Abteilung löschen.

Die Zugehörigkeit eines RECORDS zu einer SET-Ausprägung kann, ohne den RECORD selbst zu löschen, entfernt werden, falls die RETENTION nicht dagegen spricht. Dazu wird die DISCONNECT-Anweisung verwendet.

DISCONNECT record-name FROM set-name

Der Programm-Zeiger muß auf den betroffenen RECORD und der SET-Zeiger für 'set-name' auf diejenige SET-Ausprägung zeigen, aus der der RECORD gestrichen werden soll. DISCONNECT kann nicht auf ein FIXED definiertes MEMBER angewendet werden. Mit einer DISCONNECT- und einer CONNECT-Anweisung könnte in Abb. 2.15 die Zuordnung eines Mitarbeiters zu einem Arbeitsplatz geändert werden.

Für die inhaltliche Modifikation eines Objekts sind drei Voraussetzungen nötig:

1) Die geänderten Werte werden der Programmstruktur im Arbeitsbereich zugewiesen.

2) Durch eine FIND-Anweisung wird der entsprechende RECORD in der Datenbank lokalisiert.

3) Danach werden die Felder mit der Anweisung

   MODIFY record-name (feldnamen-liste)

   in die Datenbank kopiert.

Beim relationalen Modell liegen die Verhältnisse etwas einfacher, weil sowohl die Objekte als auch die Beziehungen zwischen ihnen in Relationen gespeichert sind. Außerdem entfällt bei deskriptiven Sprachen die Notwendigkeit, zuerst die betroffenen Sätze in einem besonderen Schritt zu lokalisieren.

Zum Einfügen neuer Tupel in eine Relation bietet SQL zwei Formate für eine INSERT-Anweisung an:

1) INSERT INTO r (attr1,attr2,...) : <konst1,konst2,...>
2) INSERT INTO r (attr1,attr2,...) : SELECT-block

Mit dem ersten Format wird ein Tupel in die Relation r eingefügt. Die genannten Attribute attr1,... erhalten die Werte konst1,...; nicht genannte Komponenten werden auf "UNDEFINED" gesetzt. Ist keine Attributliste angegeben, erhalten alle Attribute einen Wert. Da Relationen nicht geordnet sind, spielt die Stelle des Einfügens keine Rolle.

Die zweite Form der INSERT-Anweisung erlaubt, mit einer Anweisung gleichzeitig mehrere Tupel einzufügen. Alle Tupel, die Ergebnis der SELECT-Blocks in der INSERT-Anweisung sind, werden der Relation r hinzugefügt.

Mit der ASSIGN-Anweisung kann man gleichzeitig eine Relation definieren und mit Inhalt füllen. Sie vereint also Funktionen von Modell- und Manipulationssprachen in einer Anweisung. Ihre Form ist

ASSIGN TO r (attr1,attr2,...) : select-anweisung

Sie unterscheidet sich von der zweiten Form der INSERT-Anweisung nur dadurch, daß die Relation r durch die ASSIGN-Anweisung erst definiert wird.

Dies soll anhand eines Beispiels verdeutlicht werden. Dabei stehe als Aufgabe an, alle Mitarbeiter der Hauptabteilung 4000 in einer separaten

Tabelle zu erfassen. In Abb. 3.13 findet sich die Lösung der gestellten Aufgabe.

Abb. 3.13: Definition von Benutzerobjekten mit SQL

```
ASSIGN TO MA4000 : SELECT *
                   FROM MITARBEITER
                   WHERE ANR IN
                         (SELECT UNTERANR
                          FROM ORGSTRUKTUR
                          WHERE HAUPTANR = 4000)
```

Der äußere SELECT-Block erzeugt eine Relation mit denselben Attributen wie MITARBEITER. Das Symbol "*" ist eine Kurzschreibweise anstelle der expliziten Nennung aller Attribute der Relation. Mit der ASSIGN-Anweisung wird dem Benutzerobjekt der Name MA4000 gegeben. Diese Relation besteht aus allen MITARBEITER-Tupeln, für die ANR in der einspaltigen Relation enthalten ist, die von dem inneren SELECT-Block gebildet wird. Die innere Anweisung wählt alle Nummern der Abteilungen aus, deren Hauptabteilung die Nummer 4000 hat.

Sollen Tupel aus einer Relation r gelöscht werden, dann müssen sie zuerst identifiziert werden. Für den Benutzer können beide Schritte synchron erfolgen.

```
DELETE r WHERE <Qualifikation>
```

Dabei hat die Bedingung dieselbe Form wie in einer SELECT-Anweisung. Es stelle sich z. B. heraus, daß für den Arbeitsplatz 2RT555 die Fähigkeit FZG403 nicht benötigt wird, dann muß ein Tupel aus VERLANGT gestrichen werden. Im nachfolgenden SQL-Programm ist dazu eine Lösung gezeigt.

```
DELETE VERLANGT WHERE CODENR=2RT555 AND FHKTCODE=FZG403
```

Sollte die Qualifikation allerdings, wie z. B. in Abb. 3.13, selbst wieder einen SELECT-Block enthalten, darf sich dieser aus verständlichen Gründen nicht auf die Relation VERLANGT beziehen.

Zur Veränderung von Werten in der Datenbank verwendet man die UPDATE-Anweisung, die für SQL folgendes allgemeine Format hat:

```
UPDATE r SET attr1=expr1 , attr2=expr2 , ... WHERE qualifikation
```

Durch die Qualifikation werden die zu ändernden Tupel ausgewählt. Für die Suchbedingung gilt dasselbe wie bei der DELETE-Anweisung. Die angegebenen Komponenten dieser Tupel werden durch die Ergebnisse der Ausdrücke expr1,... ersetzt. Die Ausdrücke können Attributnamen, Konstanten und arithmetische Operatoren enthalten. Attributnamen in den Ausdrücken beziehen sich auf die Werte der Attribute vor der Änderung. In der Datenbank soll z. B. der Tatbestand reflektiert werden, daß jede Mitarbeiterin der Abteilung 4711 eine zehnprozentige Gehaltserhöhung bekommen hat. In Abb. 3.14 findet sich die entsprechende Formulierung in SQL.

Abb. 3.14: Modifikation mit SQL

```
UPDATE MITARBEITER SET GEHALT=1.1xGEHALT
                   WHERE ANR=4711
                   AND GESCHL='w'
```

3.4.3 Kontrollfunktionen

Benutzerschnittstellen von EUS erfüllen zwei Aufgaben. Zum einen wird, wie bisher gezeigt, das eigentliche Problem formuliert, zum anderen ist aber dazu ein Vorbereitungsdialog notwendig, in dem erst die Bedingungen für die Problemlösung geschaffen werden. Die Dialoge enthalten Kommandos oder Kontrollfunktionen, die sich entweder auf die Eröffnung einer Sitzung an der Datenstation, die Definition von benutzerbezogenen Objekten oder auf die Auswahl von Objekten beziehen. Wenn die Benutzerschnittstelle nur eine Erweiterung einer allgemeinen Programmiersprache ist, dann sind diese Funktionen häufig in der Wirtssprache vorhanden und ihre Wirkung muß auf das Basissystem des EUS ausgedehnt werden. Für die deskriptiven, selbständigen Sprachformen sind solche Kontrollfunktionen zusätzlich zur Verfügung zu stellen. Neben dieser, auch Kommandosprache genannten Schnittstelle (MIL77), gibt es ebenfalls Kontrollfunktionen in den Problemformulierungen.

1) Sitzungsbezogene Kontrollfunktionen

Die Kommunikation in einem EUS findet zwischen einem Benutzer und einem Basissystem statt, wobei man alle Aktionen, die zwischen der Anmeldung der Dialogbereitschaft des Anwenders durch ein "SIGN-ON" Kommando und der Beendigung des Dialogs durch ein "SIGN-OFF" Kommando durchgeführt werden, als Sitzung bezeichnet. Während einer Sitzung sollte eine aus der Sicht der Anwendung logisch zusammengehörende Folge von Verarbeitungsschritten zwischen Benutzer und System erfolgen. Die dazu benötigte Zeit hängt einerseits von der Aufgabenstellung und andererseits von der Leistungsfähigkeit des verwendeten Rechners ab, so daß die Benutzer die Möglichkeit haben müssen, eine Sitzung zu unterbrechen, bisherige Zwischenergebnisse zu speichern und die Sitzung an dem unterbrochenen Punkt zu einem beliebigen späteren Zeitpunkt fortzusetzen.

Während der Sitzung wird eventuell die Datenbank verändert. Falls nun z. B. wegen eines Systemfehlers ein zusammengehörender Arbeitsschritt, d. h. eine Transaktion, nicht vollständig ausgeführt werden konnte, befindet sich das System in einem inkonsistenten Zustand. SQL bietet für diese Fälle das COMMIT-Kommando an, das an einer beliebigen Stelle in einer Transaktion Prüfpunkte (Checkpoints) setzt, die dem System anzeigen, daß hier ein zulässiges Zwischenergebnis erreicht war. Mit einer RESTORE-Anweisung kann der Benutzer in seiner Verarbeitung wieder auf den Zustand zurückgesetzt werden, der entweder zu Beginn oder während eines beliebigen Prüfpunkts erreicht war. Auf Prüfpunkte einer schon abgelaufenen Transaktion kann nicht zurückgegriffen werden. Die RESTORE-Anweisung hat keine Auswirkungen auf Änderungen, die von anderen Benutzern ausgeführt wurden.

Ähnliche Möglichkeiten bietet auch die DML des DBTG-Vorschlags. Die Wirkung einer Transaktion wird dort durch Eintragen des DATA-BASE-KEY eines RECORDS in eine KEEP-Liste erzielt. Die Funktionen von COMMIT und RESTORE übernehmen die Anweisungen COMMIT und ROLLBACK.

2) Definitionsbezogene Kontrollfunktionen
Im Normalfalle wird der Anwender keine eigenen Objekte definieren, sondern diese Aufgabe dem Anwendungsadministrator überlassen. Allerdings sind Situationen denkbar, bei denen Daten und Benutzeroperatoren erst aus vorhandenen Beständen abgeleitet und aufbereitet werden müssen, ehe sie zur weiteren Analyse verwendet werden können. Wie am Beispiel des betrieblichen Rechnungswesens gezeigt wurde, entstehen im System die Kosten erst aus der Bewertung physischer Prozesse. Die abgeleiteten Objekte oder Benutzerobjekte müssen gewissermaßen individuell in jedem EUS definiert werden können. Dazu sind eingeschränkte Modelldefinitionssprachen notwendig. So sollten Objekte erzeugt, entfernt, gespeichert und verändert werden können. In IDAMS wird dies durch die Aufteilung des Katalogs für die Objektbeschreibungen in einen privaten und einen öffentlichen Teil erreicht. Der Benutzer eines EUS hat die Verantwortung zur Führung des privaten Katalogs, während der Anwendungsadministrator für den öffentlichen Katalog verantwortlich ist. Um z. B. die Übernahme von Objektdefinitionen aus dem öffentlichen in den privaten Katalog zu ermöglichen, stellt IDAMS ein LOAD-Kommando zur Verfügung. Diese Anweisung kann entsprechend der in Abb. 3.13 vorgestellten Verwendung des ASSIGN-Befehls bei SQL eingesetzt werden.

3) Auswahlbezogene Kontrollfunktionen

EUS basieren auf einem Basissystem, das Daten- und Methodenbanken verwaltet, die im Regelfall auch Benutzern anderer EUS zur Verfügung stehen. Gewöhnlich existieren dabei zum einen mehr Objektbeschreibungen als für den Anwendungsbereich eines einzelnen EUS notwendig sind, zum anderen werden nicht alle Objekte, auf die von einem EUS aus zugegriffen werden können, während einer Sitzung gebraucht. Daraus entsteht dann der Wunsch, nur die notwendigen Objektbeschreibungen auszuwählen.

Außer IDAMS bieten die bisher besprochenen Systeme dazu wenig Unterstützung. Der Benutzer von QBE kann über eine HELP-Taste z. B. Informationen über die verfügbaren Objekte anfordern. Durch Eintragen von "P." in ein leeres Raster erhält er die Namen aller verfügbaren Relationen. Hat er eine Relation ausgewählt, so kann er wieder durch "P." die Namen aller Attribute anfordern. SQL/DS speichert das Datenbankschema und die Subschemata in besonderen Relationen, die der Benutzer wie jede andere Relation abfragen kann, wenn er dazu berechtigt ist. IDAMS ist in dieser Hinsicht vollständiger und verwaltet zu jedem verfügbaren Objekt beschreibende Informationen. Ein besonderes Abfragesystem erlaubt es, die gesuchten Objekte über ihre Beschreibungen aufzufinden. Durch ein hierarchisch organisiertes Katalogsystem werden die Objektbeschreibungen und die benutzergerechte Präsentation der Objekte auf dem Bildschirm für die nachfolgende Problemformulierungsphase unterstützt (vgl SCA82, S.50ff). Jedes aus dem Auskunftssystem ausgewählte Objekt wird automatisch aus dem öffentlichen bzw. dem privaten in den aktiven Katalog übertragen. Dieser enthält dann alle Beschreibungen, die für die während einer Sitzung geplanten Problemformulierungen verwendet werden können. Der öffentliche sowie der private Katalog enthalten permanente Objekte, während der Inhalt des aktiven Katalogs nur für die Dauer einer Sitzung Bestand hat.

3.4.4 Erweiterbarkeit

Bisher wurden jene Funktionen einer Benutzerschnittstelle besprochen, die für eine Datenbank notwendig sind. Diese Funktionen sind ausreichend, wenn es sich um Erweiterungen allgemeiner Programmiersprachen handelt, da dann die im folgenden genannten Funktionen mittel- oder unmittelbar von der Wirtssprache unterstützt werden. Allerdings sind dabei die Sprachprimitive selten in der Lage, Operationen für komplexe Objekte zu unterstützen. So können z. B. mit manchen Sprachen zwar Strukturen, Vektoren und Matrizen zufriedenstellend manipuliert werden, spezielle Objekte jedoch, wie sie für EUS notwendig sind, z. B. Berichte, Bilder, graphische Darstellungen usw., werden nicht oder nicht innerhalb eines einheitlichen Sprachkonzepts berücksichtigt.

Zur Weiterverarbeitung ausgewählter Daten durch Benutzeroperatoren benötigt man zumindest die primitiven Operationen für die verschiedenen Datentypen, die auftreten können; also die arithmetischen Grundoperationen Addition, Subtraktion, Multiplikation und Division für numerische Werte, Verketten und Ausschnitt für Zeichenketten und die Vergleichsoperationen. Können Attribute auch strukturierte Daten enthalten, z. B. Subtypen, Vektoren oder Matrizen, so müssen auch hierfür geeignete Funktionen zur Weiterverarbeitung zur Verfügung stehen.

Ist das Ergebnis eines Auswahlvorgangs eine Menge oder eine Relation, dann sind folgende zusätzliche Operationen wünschenswert:

- Prüfen, ob ein Element in einer Menge enthalten oder ob diese eine Untermenge einer anderen Menge ist.
- Durchschnitt, Vereinigung und Differenz zweier Mengen.
- Anzahl der Elemente einer Menge.
- Ordnen der Tupel einer Relation nach einem oder mehreren Feldern.

- Gruppieren der Tupel einer Relation nach den Werten in einer oder in mehreren Spalten.
- Aggregatfunktionen auf die Spalten einer Relation; z. B. die Summe, das Maximum, das Minimum und der Durchschnitt von Werten.
- Kombination solcher Operationen; z. B. Gruppieren mit anschließender Berechnung der Teilsummen für die Gruppen und der Gesamtsumme, usw.

Die Ergebnisse einer Datenbankabfrage werden häufig in einem Bericht in übersichtlicher Form dargestellt. Neben einer Wiedergabe in Tabellenform mit Überschriften, Summenzeilen, Legenden, usw., ist oft eine graphische Aufbereitung statistischer Daten in Kurven, Histogrammen, usw. besonders aussagekräftig (vgl. MUE79).

Bei der Weiterverarbeitung möchte der Benutzer manchmal in der Lage sein, die Reihenfolge der Manipulationen selbst festzulegen, da das Ergebnis davon abhängen kann. In solchen Fällen ist es wünschenswert, prozedurale Elemente in der Sprache zu haben. Diese Prozeduralität läßt sich auf verschiedene Weise erreichen:

- Schachtelung von Abfragen: Abb. 3.2 zeigt eine solche Konstruktion für SQL.
- Rekursive Verwendung der Ergebnisse: Bei SQL kann man das Ergebnis einer Datenbankabfrage mit Hilfe der ASSIGN-Anweisung in einer Hilfsrelation speichern und dann in einer weiteren SQL-Anweisung verwenden.
- Einbetten der deskriptiven Datenbanksprache in eine allgemeine prozedurale Sprache: IDAMS, das in einer APL-Umgebung arbeitet, kann die Ergebnisrelation spaltenweise an APL übergeben, wo die Spalten interaktiv weiterbehandelt werden können.

IDAMS bietet eine Benutzerschnittstelle, die diesen Wünschen Rechnung trägt und ist besonders geeignet ist, anwendungsbezogene Erweiterungen in ihren Funktionsvorrat aufzunehmen. Dazu ist keine Systemänderung notwendig, sondern dies kann ohne Modifikation der bestehenden Anwendung direkt entweder vom Benutzer oder vom Anwendungsadministrator durchgeführt werden. Neben der nahezu unbegrenzten Einsetzbarkeit ist dadurch vor allem gewährleistet, daß alle in einer Organisation verfügbaren Programme auch genutzt werden und in das EUS integriert werden können. Die Erweiterbarkeit von IDAMS soll an zwei Beispielen gezeigt werden, welche die prinzipiellen Möglichkeiten zur Integration von Benutzeroperatoren und die Verwendung einer Anwendungsentwicklungssprache - hier APL - demonstrieren.

Beispiel:

Finde die Namen und Gehälter aller Mitarbeiter des Rechenzentrums und speichere das Ergebnis in den Variablen NAME und GEHALT.

Die EQBE-Formulierung hierfür ist in Abb. 3.15 dargestellt.

Abb. 3.15: Problemformulierung mit EQBE

```
 1 I APL I EXPRESSIONS    I
---I-0---I-1--------------I
1  I *   I NAME ← N       I
2  I *   I GEHALT ← G     I
*  I *   I *

 2 I ABTEILUNG I ANR I ANAME            I CODE I HANR I
---I-0---------I-1---I-2----------------I-3----I-4----I
1  I *         I  NR I 'Rechenzentrum'  I *    I *    I
*  I *         I *   I *                I *    I *    I

 3 I MITARBEITER I PNR I NAME I ... I ANR I GEHALT I BONUS I
---I-0-----------I-1---I-2----I ... I-9---I-10-----I-11----I
1  I *           I *   I ° N  I ... I  NR I ° G    I *     I
*  I *           I *   I *    I ... I *   I *      I *     I
```

Das Zeichen ° vor den Variablennamen N und G bewirkt eine Aggregierung der resultierenden Domänenwerte in diesen beiden Variablen, d. h. N ist eine Textmatrix, die alle Namen enthält und G ist eine einspaltige Matrix mit den Gehältern der Abteilung. Die Beziehungen zwischen den beiden Tabellen ABTEILUNG und MITARBEITER werden über das gemeinsame Attribut ANR hergestellt. Der Verbund erfolgt für die Tupel, die in der Variablen NR dieselben Werte besitzen. Eine besondere Rolle spielt das erste, mit APL-EXPRESSIONS überschriebene Raster, das gewissermaßen als

"Fenster" zu der Anwendungsentwicklungssprache APL gesehen werden kann. Hier können sowohl Qualifikationsausdrücke, Zuweisungen, aber auch beliebige APL-Befehle eingetragen werden, wodurch Datenanalysen spontan durchgeführt werden können. In Abb. 3.15 werden z. B. die aggregierten Werte von N und G den Variablen NAME und GEHALT zugewiesen, die dann im APL-Arbeitsbereich bekannt sind und dort weiter bearbeitet werden können.

Diese Form der Erstellung von Benutzeroperatoren erfordert allerdings Kenntnisse von APL. Für solche Anwender, die APL nicht beherrschen oder wesentlich umfangreichere Weiterbearbeitungen von Daten durchführen wollen, als sie sinnvollerweise in dem APL-EXPRESSIONS Raster formuliert werden sollten, steht eine zweite Möglichkeit zur Verwendung von Benutzeroperatoren zur Verfügung. Diese sei wieder an einem Beispiel erläutert.

Eine der aussagekräftigsten Kenngrößen in der Kostenrechnung ist der Deckungsbeitrag (vgl. MUE82). Darunter werden im einfachsten Falle die Erträge verstanden, die Produkte zur Deckung der nicht beschäftigungsabhängigen, also der fixen Kosten, beitragen. In Abb. 3.16 ist ein Anwendungsfall gezeigt, bei dem unter Verwendung des Dialogteils des Benutzeroperators DECKUNGSB (s. Abb. 2.31), die Deckungsbeiträge für das gesamte Produktionsprogramm eines Unternehmens berechnet werden. Unter der Annahme, daß die in Abb. 3.16 gezeigten Objekte in der Daten- bzw. Methodenbank vorhanden und im Katalog von IDAMS beschrieben sind, kann dieses komplexe Problem von einem Endbenutzer eigenständig formuliert werden, wie nachfolgend gezeigt wird.

Dabei werden ausgehend von einem Produktionsplan PRODUKTPLAN im Objekt KOSTEN durch das Eintragen von KVAR die produktbezogenen variablen Kosten bestimmt und danach aus der Tabelle ABSATZ die Verkaufserlöse für jeden Produkttyp errechnet. Sowohl PREISE, MENGE, KVAR und das Produktionsprogramm PRODUKT sind Eingabeparameter des Benutzeroperators DECKUNGSB, dessen Ergebnis DECKUNGSDB in der Systemfunktion HPLOT zur Aufbereitung der in Abb. 3.17 gezeigten graphischen

Ausgabe verwendet wird. Durch die Spezifizierung des HTYP Parameters von HPLOT stehen dem Anwender umfangreiche graphische Darstellungsmöglichkeiten zur Verfügung, wovon hier ein Blockdiagramm gewählt wurde. Daneben ist für dieses Beispiel noch ein zweiter, diesmal numerischer Bericht durch die Eintragungen im APL-EXPRESSIONS-Raster erzeugt worden. In Abb. 3.18 ist eine mögliche Aufbereitung dieses Berichts dargestellt, der zusätzlich zu den Daten in der graphischen Präsentation die gefertigten Produktionsmengen enthält.

Abb. 3.16: Entscheidungsunterstützung am Beispiel "Kostenrechnung"

```
 1|APL|EXPRESSIONS               |
--|-0-|-1------------------------|
1 |□  |PRODUKT,PMENGE,DECKUNGSDB |
* |*  |*                         |

 2|DECKUNGSB|PRODTYP|ABS-PREIS|ABS-MENGE|VAR-KOST|→DECKUNGSBEITRAG|
--|-0-------|-1-----|---------|---------|--------|----------------|
1 |*        |PRODUKT|PREIS    |MENGE    |KVAR    |DECKUNGSDB      |
  |*        |*      |*        |*        |*       |*               |

 3|ABSATZ|PRODTYP|ABS-MENGE|ABS-PREIS|
--|-0----|-1-----|-2-------|-3-------|
1 |*     |PRODUKT|MENGE    |PREIS    |
* |*     |*      |*        |*        |

 4|PRODUKTPLAN|PRODTYP|PRODMENGE|
--|-0---------|-1-----|-2-------|
1 |*          |PRODUKT|PMENGE   |
* |*          |*      |*        |

 5|KOSTEN|PRODTYP|HERSTELL-KOST|PRODUKTTYP-MENGE|VAR-KOST|
--|-0----|-1-----|-2-----------|----------------|--------|
1 |*     |PRODUKT|*            |PMENGE          |KVAR    |
* |*     |*      |*            |*               |*       |

 6|HPLOT|HNUM|HTYP|HGRAF     |HLAB          |HTIT                |HSIZE|
--|-0---|-1--|-2--|-3--------|-4------------|-5------------------|-6---|
1 |*    |1   |BAR |DECKUNGSDB|'.PRODUKT.DB' |'KURZFRISTIGER DB'  |2    |
* |*    |0   |1   |*         |''            |''                  |0    |
```

Dieses Beispiel zeigt, daß die Schnittstelle von IDAMS sowohl deskriptiv als auch einheitlich ist. Für die Problemformulierung ist der Benutzer nicht gezwungen, Datenobjekte anders als Benutzeroperatoren zu behandeln. Er kann vielmehr einen konsistenten Konstruktionsstil bei der Problemlösung einhalten. Ferner braucht der Anwender nicht zu wissen, ob die verwendeten Daten physisch gespeichert sind oder erst abgeleitet werden müssen. In Abb. 3.16 sind z. B. die variablen Kosten aus den operativen Daten abgeleitet worden, ohne deshalb bei der Problemformulierung anders als die übrigen Attribute behandelt werden zu müssen.

Abb. 3.17: Graphische Darstellung des Ergebnisses

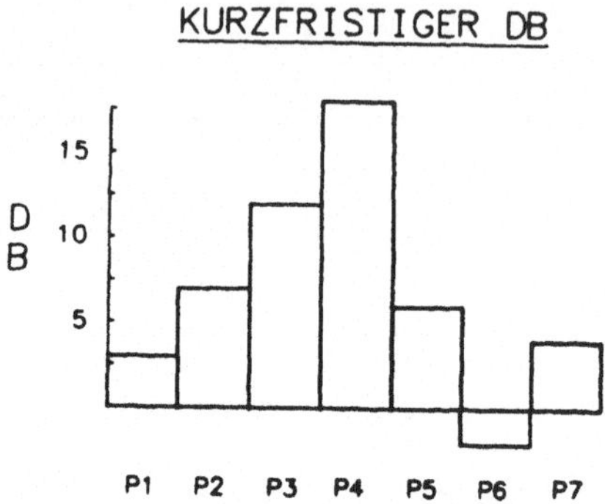

Abb. 3.18: Darstellung des Ergebnisses als Bericht

PRODUKT	PMENGE	DECKUNGSDB
P1	6000	3
P2	250	7
P3	1250	12.5
P4	10	18
P5	725	6.5
P6	1000	-2.5
P7	48	4

Ohne besondere Interventionen oder Aktionen seitens des Benutzers ruft IDAMS beliebige Prozeduren aus einer Methodenbank ab und kontrolliert die Abstimmung der Voraussetzungen für das Zusammenspiel von Programmen und Daten. Die Reihenfolge der Objekte in Abb. 3.16 impliziert ferner keine prozedurale Abarbeitung, sondern ist durch die zufällige Sequenz bei der Auswahl der Beschreibungen entstanden. Vom Basissystem wird eine optimale Verarbeitungsreihenfolge selbständig gewählt.

3.5 Beurteilung von Benutzerschnittstellen

Die Benutzerforschung für Endbenutzersysteme befindet sich noch in ihren Anfängen. Die Ergebnisse der wenigen in der Literatur beschriebenen Experimente sind meist stark von dem jeweiligen untersuchten System und den speziellen Testbedingungen abhängig und lassen sich daher kaum verallgemeinern. Trotzdem soll auf einige typische Untersuchungen kurz eingegangen werden. Einen guten Überblick der Experimente und Aktivitäten geben REISNER (REI81) und SHNEIDERMAN (SHN78).

GREENBLATT und WAXMAN (GRE78) vergleichen QBE, SQL und eine algebraische Sprache. Drei Gruppen von Studenten mit etwa gleichen Voraussetzungen erhielten eine Einführung in eine der Datenbanksprachen, wobei jeweils dieselben 25 Beispiele unterrichtet wurden. Sie mußten in einem Abschlußtest 19 Abfragen in die jeweilige Sprache übersetzen und dann eine Schätzung für die Richtigkeit ihrer Antwort abgeben. Der Test ergab, daß QBE in kürzerer Zeit erlernt wurde, daß die Abfragen korrekter und schneller formuliert waren und daß die Testpersonen die Richtigkeit ihrer Antworten höher einschätzten. Allerdings waren nur die beiden letzten Aussagen statistisch signifikant. Die schnellere Beantwortung der Fragen kann allerdings auch auf den geringeren Schreibaufwand bei QBE zurückzuführen sein. Dieses Experiment gibt deshalb zwar Hinweise, aber keinen sicheren Beweis für die leichtere Erlernbarkeit von graphischen Schnittstellen.

Der Frage, ob deskriptive oder prozedurale Sprachen leichter anzuwenden sind, gingen WELTY und STEMPLE (WEL79,WEL81) nach. Sie verglichen

SQL und TABLET, die sich hauptsächlich in ihrem Ausmaß an Prozeduralität unterscheiden. Nach einer Trainingsphase mußten die Testpersonen in einem Abschlußtest und noch einmal drei Wochen später in einem Erinnerungstest natürlichsprachlich formulierte Abfragen in SQL bzw. TABLET übersetzen. Für leichte Fragen wurde kein wesentlicher Unterschied festgestellt, bei komplexeren Abfragen schnitt das mehr prozedurale TABLET etwas besser ab, wobei der Unterschied bei nicht DV-geschulten Benutzern noch deutlicher war.

Schließlich sollen noch die Ergebnisse einiger Untersuchungen angeführt werden, die sich mit der Frage des geeigneteren Modellkonzepts befassen. LOCHOVSKY (LOC77,LOC78) fand bei einem Vergleich zwischen einer hierarchischen Datenbank mit DL/I, einer Netzwerk-Datenbank mit der DBTG-DML und einer relationalen Datenbank mit ALPHA, daß nur für die wenig geübten Benutzer die Ergebnisse für das relationale Modell signifikant besser waren. Allerdings entwickelten sich bei diesem Experiment mehr die syntaktischen Erscheinungsformen zum Gegenstand der Untersuchung, während das ursprüngliche Ziel nicht erreicht wurde.

Die Studien von BROSEY und SHNEIDERMAN (BRO78) versuchten, diesen Einfluß zu eliminieren. Hier schnitt das hierarchische Modell besser ab, was mit der Baumstruktur der im Test verwendeten Datenbank begründet wird, welche dem gestellten Problem eher adäquat war (SHN80, S.162). Diese Ergebnisse werden von DURDING (DUR77) bestätigt, die in anderem Zusammenhang herausfanden, daß jeweils die Datenmodelle bevorzugt wurden, mit deren Konzeptionalisierungsform man vertraut war.

Die bisher durchgeführten Untersuchungen zeigen, daß es trotz aller sorgfältigen Planung und Durchführung der Experimente schwer ist, beweiskräftige Aufschlüsse über die Benutzerfreundlichkeit einer Endbenutzerschnittstelle zu erhalten. Bisher ist es noch bei kaum einem Experiment gelungen, die Einflußfaktoren so zu separieren, daß wenigstens teilweise allgemein gültige Aussagen zu den Datenbankmodellen, zu Sprachkonzepten oder zur Funktionsauswahl gemacht werden konnten. Eine Ursache für diesen Tatbestand kann in dem Umstand gesehen werden, daß es noch keine für diese Zwecke geeigneten generellen Untersuchungsverfahren gibt.

4. EIN ALLGEMEINES DIALOGSYSTEM FüR EUS

Zur Gestaltung der Kommunikation zwischen Mensch und Maschine sind viele Vorschläge entwickelt und Anforderungskataloge erstellt worden (vgl. BAR81, MAR73, MER77), die jedoch aus der Sicht der Benutzer oft kaum mehr klassifizier- und bewertbar sind. Eine erste Einteilung kann im Hinblick auf eine leichte Erlern- und Verwendbarkeit und hinsichtlich der Breite und Flexibilität des Anwendungsspektrums vorgenommen werden, wie dies im vorherigen Kapitel geschehen ist. Damit ist allerdings noch nicht erreicht, daß die Wünsche der einzelnen Mitglieder unterschiedlicher Benutzergruppen bei ihrer Aufgabenerfüllung berücksichtigt werden können. Dazu müssen die Dialoge individuell gestaltet werden, wozu im Basissystem ein Dialogkontrollprogramm notwendig ist, das es einerseits gestattet, für gelegentliche Benutzer geeignete Kommunikationsformen zu erstellen, andererseits aber auch in der Lage ist, die durch Erfahrungen mit dem System sich verändernden Anforderungen an die Dialogkomponente nachzuvollziehen.

Neben der Berücksichtigung der Lernfähigkeit des Anwenders, sind weiterhin zwei sich widersprechende Anforderungen an die Kommunikation mit einem EUS in Einklang zu bringen. Zum einen sollen auch Anwender, die das System unregelmäßig benutzen, sich in einem eventuell komplexen und sich rasch verändernden System zurechtfinden und zum anderen sollen die Einrichtungen und Sprachmöglichkeiten so flexibel sein, daß auch nicht vorherplanbare Aufgaben gelöst werden können. Während der Vorbereitungsphase sollten die Benutzer soweit wie möglich vom System geführt werden, während zum Zeitpunkt der Problemformulierung flexiblere Dialogformen notwendig sind. So eignen sich systemgetriebene Dialoge insbesondere in der Vorbereitungsphase, da sie sehr benutzerfreundlich sind, wenig DV-Kenntnisse erfordern und den Anwender auf definierten Wegen zum Ziel führen, während zur Problemformulierung benutzergetriebene Dialogformen vorhanden sein müssen. Hier werden vom Benutzer universell anwendbare Sprachformen erwartet, um bisher nicht vorgedachte Problemlösungen zu formulieren. Ein EUS muß folglich beide unterschiedliche Erwartungen in einer konsistenten Schnittstelle unterstützen. Die Diskussion des funktionalen Umfangs und ein Vorschlag zur Gestaltung von Programmiersystemen zur individuellen Erstellung von Dialogformen ist Gegenstand dieses Kapitels. Unter dem Begriff "Dialogmanager" sei nachfolgend ein Kontrollprogramm verstanden, das Datenstrukturen und Operationen verwaltet, die geeignet sind, die geforderten Dialogformen leicht zu programmieren. Diese Zweistufigkeit unterscheidet EUS von reinen Auskunftssystemen, bei denen die Unterstützung des Anwenders zum Auffinden von Informationen die einzige Anforderung darstellt.

Die nachfolgend vorgestellten Konzeptionen zur Gestaltung einer Dialogkomponente für EUS wurden in IDAMS (ERB80) teilweise realisiert und erprobt. Dabei war eine der Anforderungen, daß sowohl unerfahrene Anwender, die das System unregelmäßig benutzen, als auch "Experten" geeignete Dialogformen vorfinden oder erstellen können, um alle Systemeinrichtungen für die Problemformulierung verwenden zu können. Dies bedeutet im Einzelnen:

1) Zugriff zu einem Verzeichnis aller Anwendungen, die von einem speziellen Benutzer oder einer Benutzergruppe mit Hilfe von IDAMS ausgeführt werden können.

2) Zurechtfinden in Anwendungsstrukturen, die zunehmend detailliertere Informationen enthalten. Der Benutzer kann dabei wählen, wie speziell die erwünschten Auskünfte sein sollen.

3) Zugang zu einem Verzeichnis aller im EUS verfügbaren Objekte. Zu den Objekten können beschreibende Informationen angefordert werden, um den Auswahlvorgang zu unterstützen.

4) Verwaltung von Benutzerobjekten, die ein Anwender bei der Nutzung des Systems selbst erzeugt, definiert und gespeichert hat, die jedoch nur für seine Anwendung und weniger für andere EUS von Interesse sind.

5) Verwendung von Mechanismen, die dem Anwender helfen, Ergebnisse, z. B. zur Anfertigung von Berichten oder Graphen, zur Speicherung

oder zur Erzeugung und Definition von Benutzerobjekten, aufzubereiten.

6) Einsetzen von Komponenten, die dem Anwender helfen, sich eine passende Systemumgebung zu definieren. Darunter soll die Möglichkeit verstanden werden, spezielle Geräte, z. B. eine graphische Datenstation oder Programme, z. B. eine Standardsoftware für Statistik bei der Problemlösung zu benutzen.

7) Einsatz und Steuerung von Hilfsfunktionen, die z. B. eine Dokumentation der Systemnutzung vornehmen. Dies kann sowohl für den Nachvollzug einer Problemlösung als auch für die weitere Entwicklung des EUS von Bedeutung sein.

8) Unterstützung bei der Modifikation der Objektverzeichnisse, worunter entweder das Löschen oder das Einfügen von Objekten verstanden wird.

9) Zugang zu einer on-line verfügbaren Unterweisung über die Benutzung des Systems, die Bedeutung der Kommandos und den Umfang der Anwendungen.

Abb. 4.1: Dialogmanagement in einem EUS

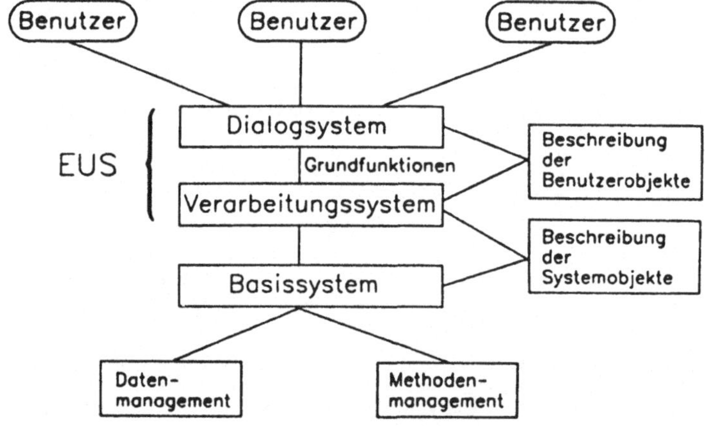

Für den unerfahrenen Benutzer muß ein Dialogsystem selbsterklärend sein, so daß der Anwender kaum Elemente einer Kommandosprache benötigt, um mit dem System kommunizieren zu können. In der Abb. 4.1 sind die Zusammenhänge zwischen Dialogsystem, EUS und Basissystem dargestellt. Danach besitzt ein EUS einen Dialogmanager, der die Beschreibungen der Objekte einer Anwendung verwaltet und dem Benutzer gestattet, die Grundfunktionen eines Verarbeitungssystems korrekt einzusetzen. Darunter wird vor allem die Transformation der Kommandos, die Verarbeitung der Problemformulierung und die Behandlung der Ergebnisse unter der systemkontrollierten Beachtung der Semantik einer Anwendung verstanden.

Die Kommunikation zur Formulierung einer bestimmten Aufgabe und zur Verwendung der erhaltenen Ergebnisse erfolgt je nach dem Kenntnisstand eines Anwenders in unterschiedlich vielen Schritten. Dabei können unerfahrene Benutzer leicht vergessen, welches Dialogstadium sie erreicht bzw. welche Ergebnisse sie während eines früheren Dialogschrittes erhalten haben. Ferner sind Dialogsysteme oft zu starr, um die Wünsche der Anwender hinsichtlich der Kombination und Aufbereitung von Informationen zu befriedigen.

Zur Veranschaulichung des nachfolgenden Vorschlags möge sich der Leser ein Verkehrsnetz vergegenwärtigen, bei dem man unter Verwendung unterschiedlicher Mittel und auf verschiedenen Wegen zu einem Zielort gelangen kann (vgl. ROB79). Man passiert dabei am Weg gelegene Orte, muß sich bei der Nutzung von Straßen an eine Verkehrsordnung halten und verwendet, je nach dem Zweck der Reise, geeignete Verkehrsmittel und Wege. Ebenso wie in einem Verkehrsnetz gibt es in einem Dialogsystem viele Möglichkeiten, um an ein bestimmtes Ziel zu gelangen, und hier wie dort ist das Traversieren mit unterschiedlicher Geschwindigkeit, das Erweitern und Stillegen von Wegstrecken oder das Verirren im Wegnetz denkbar.

4.1 Entwurfskonzepte für Dialogsysteme

Eine häufig angewendete Technik zur Gestaltung der Interaktion zwischen Mensch und Maschine sind die sog. Kommandosprachen (vgl. MUC77). Allerdings sind sie in ihrer überwiegend angetroffenen Form zur Gewährleistung einer benutzerfreundlichen Kommunikation mit EUS weniger geeignet, da es sich - aus der Sicht des Anwenders - meist um eine Sammlung von isolierten Kommandos handelt und der Benutzer den Aufbau nach allgemeinen Prinzipien vermißt. Beobachtungen von NIEVERGELT haben gezeigt, daß insbesondere für gelegentliche Benutzer beim Dialog mit einem Anwendungssystem, wenn nur Kommandosprachen als Kommunikationsmittel zur Verfügung stehen, folgende Probleme auftreten (vgl. NIE79):

a) Der Benutzer möchte wissen, in welchem Dialogstadium er sich augenblicklich befindet.

b) Der Benutzer möchte wissen, welche Optionen ihm in diesem Dialogstadium zur Verfügung stehen.

c) Der Benutzer möchte wissen, welche Aktionen ihn in dieses Dialogstadium geführt haben, was er ganz allgemein weiterhin tun kann und wie er zu einem speziellen Ziel gelangt.

Dazu werden nachfolgend drei Konzepte vorgeschlagen, die zum einen den Rahmen für den Entwurf von allgemeinen Dialogsystemen liefern und es zum anderen ermöglichen, Strukturen zu definieren, die helfen, die oben formulierten Schwierigkeiten zu vermeiden.

1) Orte

Ein "Ort" stellt ein Stadium innerhalb eines vom Benutzer als Einheit empfundenen Dialogs dar und ist durch seine relative Position zu anderen Stadien der Mensch-Maschine Kommunikation definiert. An einem Ort sind alle Objekte des EUS verfügbar, zu denen ein Benutzer in diesem Kontext Zugang hat. Welche Objekte allerdings zusammengefaßt werden, hängt vom Zweck der Anwendung ab und sollte für jedes

Dialogsystem individuell vorgenommen werden können. Aus der Sicht der Benutzer ist ein Ort eine operationale Einheit, die es ihm gestattet, einen sinnvollen Arbeitsgang zu erledigen. Aus der Sicht des Dialogmanagers wird ein Ort durch die Objekte, deren Beschreibungen und die verfügbaren Operationen identifiziert. Alle Orte eines Dialogsystems sind miteinander verbunden und formen so einen Raum von Orten, wobei dessen Gestalt sowohl ein allgemeiner Graph, z. B. ein Netzwerk, als auch ein eingeschränkter Graph, z. B. ein Baum, sein kann. Die Struktur des Raumes reflektiert eine durch die Anwendung gegebene semantische Beziehung.

2) Optionen
Die "Optionen" beschreiben das "Vokabular", welches der Anwender und das EUS zur Kommunikation verwenden können. Darunter sind im einzelnen nicht nur Kommandoprimitive zu verstehen, sondern eher Aufgabengruppen, wie z. B. das Editieren eines Berichts oder die Auswahl von Objekten. Wie die Orte, so stehen auch die Optionen des Dialogsystems in Beziehung zueinander und können durch einen Graphen mit beliebiger Gestalt dargestellt werden. Diese braucht nicht mit der Form des Graphen übereinzustimmen, der die Beziehungen der Orte nachbildet. Allerdings müssen beide Strukturen aufeinander abbildbar sein. So ist es z. B. möglich, daß eine Option in mehreren Orten vorkommt, oder daß eine Option an unterschiedlichen Orten verschiedene Teiloperationen besitzt.

Solche Optionen, die häufig zusammen oder in einer definierten Reihenfolge verwendet werden, sollten zu einer Gruppe vereinigt werden. Dadurch wird die Nutzungsweise eines Ortes oder einer Folge von Orten als Einheit betrachtet, die z. B. dem Benutzer während eines Dialogs zur Verfügung gestellt, vor ihm geschützt oder von ihm umgangen werden kann.

3) Wege
"Wege" beschreiben eine spezielle Ausprägung eines Dialogs im Zeitablauf. Dabei muß der Dialogmanager garantieren, daß nur zulässige

Paare von Orten und Optionen gebildet werden. Um diese Beziehung zwischen der globalen Verfügbarkeit und einer individuellen Nutzung eines Dialogsystems nachzubilden, ist es nötig, Wege als manipulierbare Objekte zu verwalten, die mit einem Namen versehen, gespeichert, editiert und wieder aufgerufen werden können. Wege sind eine Erweiterung der Dialogkonzepte "Orte" und "Optionen" um die zeitliche Dimension. Während genau ein Paar von Ort und Option ein Dialogstadium zu einem speziellen Zeitpunkt beschreibt, können die Dialoge durch geordnete Folgen von Paaren (Orte,Optionen) in der Vergangenheit, der Gegenwart und die potentiellen Dialoge in der Zukunft erfaßt werden. Dieses Konzept der "Wege" kann benutzt werden, um z. B. schnelle Passagen durch das Dialognetz zu ermöglichen, um das System vor mißbräuchlicher Verwendung zu schützen und um eine Dokumentation eines Problemlösungsverfahrens zu erhalten.

4.2 Repräsentation der Entwurfskonzepte

Die oben beschriebenen Problemstellungen sind typisch für EUS und lassen daher die Auswahl aus Angebotslisten (Menüselektion) als die geeignetste Form zur Dialoggestaltung erscheinen. Diese Kommunikationsform nützt die Fähigkeiten des Rechners zum Finden und Präsentieren von umfangreichen Informationsmengen aus und verbindet sie mit den menschlichen Eigenschaften, Entscheidungen innerhalb eines gewissen Kontexts treffen zu können.

Jede Angebotsliste wird als Knoten in einem Informations- und Aktionsgraphen betrachtet, wobei dem Anwender jeweils der Inhalt eines Knotens auf dem Bildschirm präsentiert wird. Jeder Knoten enthält dabei neben erklärendem Text eine Reihe von Optionen, die dem Benutzer innerhalb eines eingegrenzten Kontexts mitteilen, welche Wege und Aktionen ihm zur Verfügung stehen. Ausgehend von der getroffenen Wahl, wird vom Dialogmanager der nächste Knoten im Sinne der Dialogregeln präsentiert.

Unter einer Dialogregel werden die für eine bestimmte Anwendung verfügbaren Wege verstanden. Man bezeichnet die Struktur zur Aufnahme der Angebotslisten auch als "Rahmen" (frame, panel (CAM81)). Diese sind anwendungsneutral und können innerhalb festgelegter Grenzen vom Benutzer oder Anwendungsadministrator frei gestaltet werden. Die mit anwendungsbezogenen Informationen versehenen Rahmen sollen als "Menüs" bezeichnet werden.

Rahmen sind Repräsentationsformen zur Beschreibung von Orten und Optionen. Es handelt sich um Datentypen der Dialogkomponente des Basissystems. Erst die Menüs sind eine Abbildung der Wege und Optionen für eine Anwendung. Menüs können als Knoten eines Graphen aufgefaßt werden, bei dem die Optionen die möglichen Wege festlegen. Da durch die Auswahl einer Option genau ein Wegstück eines Dialogs bestimmt wird, kann ein Dialogsystem, aufgefaßt als die Menge aller Menüs und deren Beziehungen, als gerichteter Graph dargestellt werden. Die Anzahl aller theoretisch denkbaren Passagen durch den Graphen ist mit der Menge aller möglichen Wege identisch. Ein Menü wird durch seine Kennzeichnung dem Dialogmanager bekannt gemacht. Falls ein Menü umfangreich ist und mehr als eine physische Bildschirmseite benötigt, können Seitennummern und Möglichkeiten zum "Blättern" vorgesehen sein. Normalerweise besitzt ein Menü (1) einen mnemonischen Titel, der dem Benutzer als Möglichkeit dient, das Menü zu benennen, (2) eine Stelle, an der Kommandos eingegeben werden können, (3) eine Position, die zur Ausgabe von Systemnachrichten dient und (4) einen Bereich, der zur Aufnahme von Benutzerdaten vorgesehen ist.

Menüsysteme werden gewöhnlich entweder zur benutzergesteuerten Kontrolle von Aktionen in Programmen oder zur strukturierten Darstellung von Informationen verwendet, z. B. die Bildschirmtextanwendung des Fernsehens. Im letzten Falle können Netze tausende von Knoten haben, deren Handhabung, Kontrolle oder gar Modifikation unmöglich wird, falls sie nicht nach allgemeinen Gestaltungsprinzipien konzipiert wurden.

4.2.1 Basisstrukturen von Dialognetzen

Sollen Dialogsysteme leicht benutzt, beschrieben und modifiziert werden können, müssen sie auf wenigen, einsichtigen Gestaltungsprinzipien aufbauen. Einen Ausgangspunkt dazu liefern die Vorschläge zur strukturierten Programmierung (vgl. DIJ68), da auch dort komplexe Zusammenhänge modelliert werden, wofür einfache Bausteine Anwendung finden. Während dort jedoch Abläufe nachgebildet werden, sollen bei Dialogsystemen die Rahmenbedingungen für die in einem EUS stattfindenden Dialoge geschaffen werden. Durch die Anwendung definierter Prinzipien entsteht ein Abbild der Dialogstruktur einer Anwendung, was nachfolgend als "Dialoggraph" bezeichnet wird. Er beschreibt zusammen mit Operationen, die die Definition, die Modifikation, das Traversieren und die Auswahl erlauben, die im EUS zur Verfügung stehenden Dialogformen.

Ein Dialoggraph ist in seiner Repräsentation mit dem Kontrollfluß eines Programms oder Programmsystems vergleichbar. Der Unterschied kann darin gesehen werden, daß die Aufrufstruktur eines Programmsystems im allgemeinen nicht zyklenfrei ist. Bei der Darstellung von Dialoggraphen können zwar ebenfalls Zyklen vorkommen, da hier jedoch die Entscheidungen von Menschen getroffen werden und dadurch zeitlich in jeweils einem anderen Kontext stattfinden, erscheint ein Dialoggraph einem Benutzer als Hierarchie. Daraus darf man keine Hinweise auf eine Implementierung ableiten.

In Abb. 4.2 sind die drei Grundelemente der strukturierten Programmierung dargestellt, die jedoch in dieser Form zur Präsentation von Dialogen in Menünetzwerken wenig geeignet sind. Bei der "Verkettung" wird der Benutzer von einem Menü zum anderen geführt, ohne daß ihm eine Entscheidung abverlangt wird. Beide Knoten hätten daher ebensogut in einem Rahmen vereinigt werden können. Die Struktur für die "Auswahl" erfaßt nur zwei Optionen, während Angebotslisten gerade durch die Auswahl aus einer beliebig umfangreichen Liste von Optionen gekennzeichnet sind. Schwierig ist es, sich Anwendungsfälle für die "Iteration" vorzustellen, da der Wunsch, dasselbe Objekt mehrfach unmittelbar nacheinander auszuwählen, für einen Dialog mit EUS untypisch scheint.

Abb. 4.2: Bausteine der strukturierten Programmierung

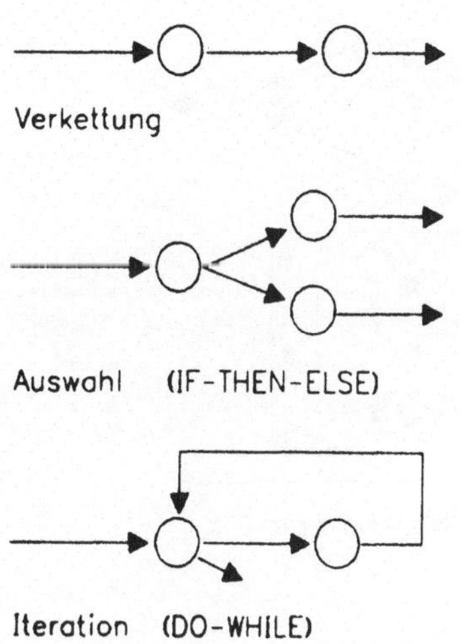

Diese Grundelemente dienen jedoch als Ausgangspunkte, um erweiterte Strukturen zu entwickeln, die für Dialogsysteme geeignet sind. In Abb. 4.3 sind drei Formen dargestellt, die als Bausteine für Dialoggraphen vorgeschlagen werden und die nachfolgend als "Basisstrukturen" bezeichnet werden (vgl. auch BRW82, S.413).

Abb. 4.3: Basisstrukturen für Dialognetze

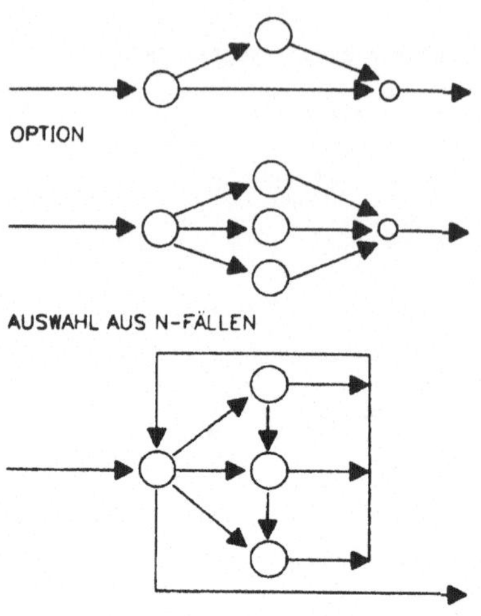

Die erste Struktur ist eine Modifikation der Verkettung und wird meist als Eingang zu einem Menünetz verwendet. So könnte z. B. gefragt werden, ob der Benutzer das System bereits kennt oder ob eine Unterweisung verlangt wird. Falls der Anwender dies wünscht, wird das obere Menü der Basisstruktur "Option" präsentiert und der Anwender wird nach Beendigung der Unterrichtung auf den Hauptpfad zurückgeführt, wo sich die Kanten an einem Vereinigungspunkt treffen. Dieser dient dem Dialogmanager zur Kontrolle des Dialogablaufs und bleibt dem Benutzer verborgen. Mit Hilfe der "Option" können auch "Abkürzungen" oder "Umwege" dargestellt werden. Die "Auswahl aus vielen Vorschlägen" ist der Prototyp der Menüselektion, bei der ja gerade zumindest eine Option aus vielen möglichen ausgewählt werden soll. Diese Struktur kann um die "Iteration" und das "Next" erweitert werden. Beide Operationen hätten auch getrennt dargestellt werden können, da mit ihnen im Prinzip dasselbe Ergebnis erzielt wird, wobei nur unterschiedliche Vorgehensweisen gewählt werden. Die Operation "Next" ist durch die Kanten angedeutet, welche die Optionsknoten verbinden. Sie ermöglicht es, daß entweder keine, eine oder auch alle Wahlmöglichkeiten in einem Schritt selektiert werden können. Mit der Iteration wird dasselbe Ergebnis erzielt, wenn jeweils nach einem Rücksprung auf den Ausgangsknoten sequentiell ein oder kein Knoten ausgewählt worden ist. Beide Operationen sind sinnvoll. Bei Auskunftssystemen findet man diese letzte Struktur allerdings nur sehr selten. Sie ist jedoch für EUS wichtig, da hier der Anwender häufig mehrere Selektionen aus einer vorgegebenen Liste gleichzeitig oder in beliebiger Reihenfolge nacheinander vornehmen möchte. Bei der Auswahl mit Iterationen kann der Anwender Entscheidungen treffen, die dem Fortschritt seines Problemverständnisses entsprechen.

Die Abb. 4.4 zeigt einen abstrakten Dialoggraphen, der als erläuterndes Beispiel für den Entwurf und die Nutzung von Graphen dienen soll, die aus diesen Basisstrukturen zusammengesetzt sind. Große Netze können durch Ineinanderschachteln (nesting) und durch Verketten (concatenation) erstellt werden. Beim "Nesting" wird ein beliebiger Ausgangsknoten einer Basisstruktur durch eine weitere Basisstruktur ersetzt, während bei der "Verkettung" der verlassende "Halbpfeil" einer Basisstruktur mit der beginnenden "Halbkante" einer weiteren Basisstruktur vereinigt wird. Wenn sich dabei Kanten an Vereinigungspunkten treffen, können sie entweder durch ein neues Menü oder durch einen "Nullrahmen" dargestellt werden. Ein neues Menü würde die hierarchischen Eigenschaften verletzen, da es zumindest von zwei Kanten angelaufen würde, während ein Knoten ohne Eintragungen (Nullrahmen) anwendungsuntypisch ist und daher die Benutzer stören könnte. Welche Technik benutzt wird, hängt von der Anwendung ab und ist mehr eine Frage der Gewohnheit als von grundsätzlicher Natur.

Abb. 4.4: Erzeugen von Dialoggraphen

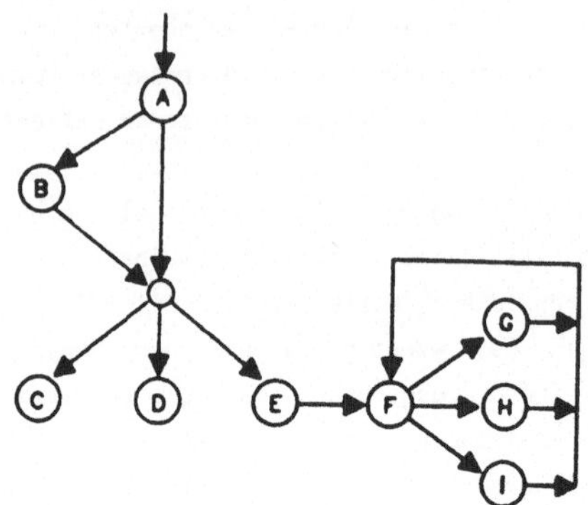

Die Knoten des Dialoggraphen in der Abb. 4.4 symbolisieren Menüs innerhalb des dargestellten Dialogsystems. Die Buchstaben bezeichnen jeden Knoten eindeutig, die gerichteten Kanten stehen für die möglichen vorwärtsgerichteten Übergänge zwischen den Knoten.

Der Dialoggraph in Abb. 4.4 ist gerichtet, weil durch das Traversieren dem Dialog eine zeitliche Komponente zugeordnet wird. Man muß dabei zwischen der Darstellung und der Nutzung von Dialogsystemen unterscheiden. Aus Gründen der Übersichtlichkeit und der Implementierung von Dialogsystemen ist es hilfreich, Zyklen zuzulassen, gleichzeitig aber auch dem Anwender die logische Sicht eines Baumes zu präsentieren. Dieser kann einerseits von einem Benutzer eher verstanden werden und entspricht andererseits der Nutzung des Dialoggraphen, da der Anwender sich im Dialog "vorwärts" bewegt, also jeweils verschiedene Dialogstadien erreicht.

Die obige Annahme erlaubt es, einen Dialoggraphen aus der Sicht des Benutzers als gerichtet und zyklenfrei zu charakterisieren. Man sagt dann, daß ein Knoten A höher steht als ein Knoten B, wenn es einen gerichteten Weg von A nach B gibt. Die Ordnungsrelation "höher stehen" ist nicht zwischen allen Knoten erklärt, denn es gibt Paare von Knoten, bei denen kein Knoten höher steht als der andere. Die Menge der Knoten eines Dialoggraphen wird also durch diese Relation halbgeordnet. Wenn zwischen zwei Knoten die Relation "höher stehen" existiert, werden sie auch "vergleichbar" genannt. In Abb. 4.4 steht z. B. der Knoten mit dem Namen A höher als der Knoten mit dem Namen D, während diese Beziehung z. B. zwischen den Knoten C, D, E nicht gilt. Innerhalb dieser Hierarchie sind einige Knoten ausgezeichnet:

1) Die Wurzeln eines Dialoggraphen, die dadurch gekennzeichnet sind, daß sie höher stehen als alle vergleichbaren Knoten.
2) Die Blätter eines Dialoggraphen, die dadurch gekennzeichnet sind, daß sie tiefer stehen als alle vergleichbaren Knoten.

Von einem Knoten, der kein Blatt ist, führen ein oder mehrere Pfeile weg zu anderen Knoten. Letztere stehen im Sinne der Hierarchie eine Stufe tiefer als der Ausgangsknoten und werden hier deshalb als Nachfolger des Ausgangsknotens bezeichnet. Umgekehrt können zu einem Knoten, der keine Wurzel ist, ein oder mehrere Pfeile hinführen.

Wenn ein Dialoggraph nur einen Einstieg besitzt, so wird man diese Wurzel im allgemeinen als "Hauptmenü" bezeichnen. Es enthält Optionen, die Übergänge zu allen Teilgraphen des Dialogsystems gestatten.

4.2.2 Typisierung von Rahmen

Die Knoten in Dialognetzen können, je nach Anwendung, verschiedene Aufgaben erfüllen. Ein Rahmen kann demnach unterschiedliche Typen haben, die vom Dialogmanager beachtet und unterschiedlich verarbeitet werden müssen. In Abb. 4.5 ist ein eingeschränkter Dialoggraph gezeigt, der nachfolgend als Beispiel dienen soll. Neben den bisher gezeigten Strukturen kann in Dialognetzen zumindest zwischen fünf verschiedenen Rahmentypen differenziert werden, denen nachfolgend im Text die Buchstaben A, B, C, D, E zugeordnet sind. In Abb. 4.5 sind sie durch graphische Symbole repräsentiert.

Abb. 4.5: Rahmentypen in einem Dialoggraphen

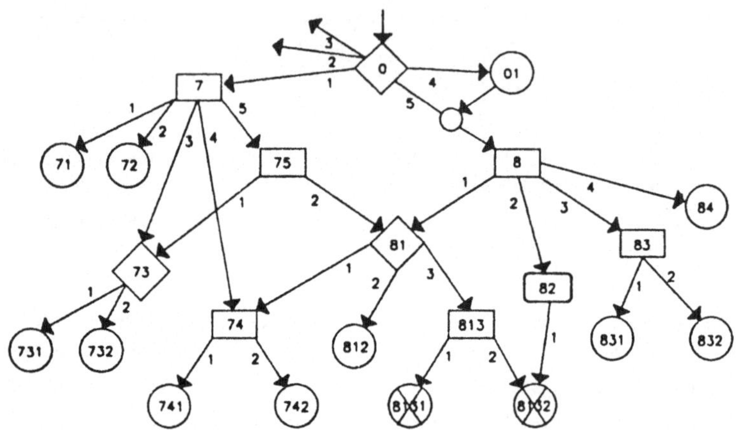

Legende:

	Buchstabe	entspricht Symbol
Vorprozedur	A	▭ (abgerundetes Rechteck)
Eingabezustand	B	▭
Vielwahlzustand	C	X
Auswahlzustand	D	◇
Nachprozedur	E	○

Der Dialoggraph in Abb. 4.5 wird als eingeschränkt bezeichnet, weil er nur eine Teilmenge der möglichen Beziehungen darstellt. So ist u. a. nicht gesagt, welche Operationen dem Benutzer zur Verfügung stehen, um von Ort zu Ort zu kommen, und inwieweit Rück- oder Querverbindungen denkbar sind.

Der durch Menüs gegebene Dialogstil bleibt trotz der verschiedenen Menütypen unverändert. Die benötigten Operationen ergeben sich aus dem Ort und den Optionen und werden dem Anwender präsentiert. Die Rahmentypen sind vielmehr Datenstrukturen für den Anwendungsadministrator, um Dialognetze leichter erstellen und um Kontrollfunktionen und Verarbeitungschritte bei der Interpretation der Menüs festlegen zu können.

1) Eingaberahmen (symbolisiert durch B)
Menüs dieser Art sind mit Editoren vergleichbar, die neben den üblichen Editorfunktionen noch zusätzliche zur Unterstützung der jeweiligen Eingabewünsche notwendigen Fähigkeiten besitzen müssen. Dazu gehören beispielsweise:

a) Das Erzeugen einer für die jeweilige Anforderung typischen Anfangsstruktur, wie z. B. leere Raster für Tabellen oder leere Formulare, wie sie in einer Anwendung vorkommen.

b) Die Verwaltung dieser Anfangsstruktur im weiteren Verlauf des Dialogs. Dazu gehört z. B. bei EQBE, daß keine Tabellengitter vom Benutzer zerstört oder verändert werden können, oder daß in den Formularen nur an bestimmten Stellen Eintragungen gemacht werden dürfen.

c) Fehlererkennung und Anzeige von inkorrekten Eingaben. Sehr häufig können unter Verwendung von Kataloginformationen bereits zum Zeitpunkt der Eingabe von Daten oder Parametern erste Überprüfungen durchgeführt werden, ob die Eintragungen zulässig oder syntaktisch korrekt sind.

Solche Strukturen helfen dem Benutzer bei der Eingabe von Daten und Parametern, die nach dem Verlassen des jeweiligen Menüs verarbeitet werden sollen, z. B. Eingabe von Datensätzen, Beschreibungstexten oder Definitionen von Objekten. Ebenso können Eingaben zur Erzeugung und Ausführung von Programmen verwendet werden. Dies ist z. B. in der Problemformulierungsphase bei EQBE oder auch bei QBE der Fall, wo aus den Rastereinträgen lauffähige prozedurale Programme erzeugt werden. Die Abb. 3.10 zeigt das Erscheinungsbild eines Eingabezustands in Tabellenform, der zur Formulierung einer bestimmten Klasse von Anfragen vorgesehen und geeignet ist, in einem noch unausgefüllten Zustand. In der Abb. 3.11 sind unter Verwendung der Syntax von QBE Eintragungen gemacht worden, die gemeinsam eine Anfrage in graphischer Form darstellen. Der Dialogmanager verarbeitet zusammen mit dem Basissystem diese deskriptive zu einer prozeduralen Formulierung.

Ein Eingaberahmen bleibt solange aktiv, bis er durch ein Endekommando, z. B. FILE, QUIT oder EXECUTE explizit beendet wird. Operatoren zur Manipulation von Menüs können entweder dem Rahmen selbst zugeordnet sein oder auf Anfrage angefordert werden.

2) Vielwahlrahmen (symbolisiert durch C)
Hierbei handelt es sich um spezielle Strukturen, die dem Benutzer die Spezifizierung einer Teilliste aus einer vorgegebenen Anzahl von Objekten gestatten. Vielwahlmenüs können iterativ angelaufen werden. Sie führen dann den Anwender immer zum Ausgangspunkt zurück. Dieser Vorgang kann solange wiederholt werden, bis er durch ein Endekommando explizit beendet wird. Zusätzlich zu dieser Möglichkeit kann eine gleichzeitige Auswahl mehrerer Objekte zugelassen sein.

3) Auswahlrahmen (symbolisiert durch D)
Es handelt sich um einen Spezialfall eines Eingabemenüs, da immer genau eine Auswahl aus einer Liste von Optionen zugelassen ist. Mit dieser Selektion bewirkt der Benutzer den Übergang in ein neues Menü. Bis auf die beiden weiter unten beschriebenen Sonderfälle führen die zur Auswahl stehenden Optionen im zugehörigen Graphen genau zu den Nachfolgeknoten, also genau denjenigen Knoten, die mit dem gerade aktiven Menü durch wegführende Kanten verbunden sind. Durch die Auswahl aus einer Optionsliste wird entweder ein vollständiger Weg oder ein Teil eines Wegs im Dialoggraphen erzeugt.

Jeder Auswahlzustand muß außerdem die Möglichkeit zum Rückmarsch enthalten. Dabei kann entweder zu einem höheren Menü - im Sinne des Dialoggraphen - zurückgegangen werden, das Hauptmenü angelaufen oder das EUS verlassen werden.

Der Rücksprung zum Hauptmenü und das Verlassen des Systems sind im Dialoggraphen der Abb. 4.5 nicht als Kanten eingezeichnet. Aus Gründen der Übersichtlichkeit sind nur die vorwärtsgerichteten Bewegungsmöglichkeiten erfaßt, nicht hingegen das Anfordern von Hilfestellungen oder die direkten Sprünge. Diese beiden Formen, einen Dialoggraphen zu nutzen, werden nachfolgend separat diskutiert.

Ein Auswahlmenü bleibt solange aktiv, bis es durch die Spezifizierung einer gültigen Auswahl oder durch einen Rücksprung beendet wird. Die zur Auswahl stehenden Optionen können, wie es z. B. bei IDAMS der Fall ist, durch ihre Namen, gefolgt von einzeiligen Erklärungstexten, angezeigt werden. Vor den Namen stehen die Nummern, mit denen auch die entsprechenden Kanten im Dialoggraphen versehen sind (s. Abb. 4.5). Die Abb. 4.6 zeigt das Erscheinungsbild eines Auswahlmenüs bei IDAMS.

Abb. 4.6: Auswahlmenü bei IDAMS

```
WEG  : SELECT.DEFINE

1. SHOW      - ZEIGE VERFUEGBARE OBJEKTE
2. CREATE    - DEFINIERE OBJEKT
3. DELETE    - LOESCHE OBJEKT
4. TAKE      - MACHE OBJEKT VERFUEGBER

AUSWAHL  : CREATE
```

Links stehen die Namen und Nummern der möglichen Nachfolgemenüs, z. B. SHOW, CREATE, usw., die durch einen erklärenden Text erläutert werden. In einer Zeile, die durch WEG eingeleitet wird, beschreibt das System den bisher gewählten Pfad, indem es die Namen der passierten Menüs verkettet. Das Menü in der Abb. 4.6 hat demnach den Namen DEFINE; zuvor wurde die Option DEFINE aus einem Menü mit dem Namen SELECT gewählt. Die jetzt gewünschte Option kann entweder durch ihren Namen oder ihre Nummer in die Kommandozeile eingetragen werden. Hier wurde die Option CREATE gewählt.

4) Prozeduren (symbolisiert durch A bzw. E)
Man unterscheidet zwischen Vor- (A) und Nachprozeduren (E). Es handelt sich dabei nicht um Menüs im bisher beschriebenen Sinne, sondern um Programme, die ohne Benutzerinteraktion entweder beim Auswählen oder Verlassen eines der obigen Rahmentypen ablaufen. Diese Programme dienen entweder zur Verarbeitung von Eingaben, die der Benutzer zuvor im nächsthöheren Eingabemenü spezifiziert hat, z. B. Wegspeichern von Texten oder Ausführen von Problemformulierungen, oder sie bereiten die Voraussetzungen für das ausgewählte Menü vor. Durch Vorprozeduren kann z. B. die beabsichtigte Eingabe abgekürzt bzw. erleichtert werden. So kann etwa die eine Problemformulierung eine Prozedur als Nachfolger haben, die die Ausführung kontrolliert und das Resultat in einer Datenstruktur so abspeichert, daß diese im aktiven Eingabemenü zur Weiterverarbeitung zur Verfügung steht.

Vorprozeduren und Nachprozeduren dienen außerdem zur Vorbereitung und zum Nachbereiten von Daten, die zum gerade aktiven Dialogstadium (Weg) oder zu einem Teil des Dialogsystems gehören, dessen Wurzel das gerade aktive Dialogstadium ist. Ein Beispiel für eine Vorprozedur wäre der Aufbau einer Namensliste, die als Eingabe für ein direkt darauf folgendes Vielwahlmenü dient. Nach dem Durchlaufen dieses Menüs kann eine Nachprozedur, die vom Benutzer spezifizierte Teilliste und die Informationen über diese Objekte so in einer Datenstruktur abspeichern, daß diese im folgenden Eingabeknoten zur Verfügung stehen.

4.2.3 Integration von Auskunftseinrichtungen

EUS werden insbesondere von Anwendern benutzt, die keine oder nur wenig Erfahrung bei der Bedienung von DV-Systemen haben. Da davon ausgegangen werden kann, daß diese Kenntnis auch vielfach nicht erworben wird, weil die Verwendung des EUS zu unregelmäßig erfolgt (KRA82) und eine Ausbildung zu aufwendig wäre, muß die Benutzerschnittstelle selbsterklärend sein. Ein Menünetzwerk kann diesen Anspruch jedoch nur dann erfüllen, wenn die Anwendung wohldefiniert ist. Davon kann allerdings bei EUS nicht ausgegangen werden, so daß vielfältige Hilfseinrichtungen angeboten werden müssen. In Abb. 4.7 ist ein Weg gezeigt, wie ein Dialoggraph um Knoten erweitert werden kann, die entweder innerhalb eines Menüs Hilfe für eine spezielle Situation anbieten oder die selbst wieder nur Einstiege in ein Dialognetz mit weiteren Hilfstexten darstellen. Eine solche Zweiteilung bei der Auskunftserteilung hat sich als sinnvoll erwiesen, da vielfach eine kurze Erklärung genügt, um einem Anwender die Bedeutung eines bestimmten Schrittes in Erinnerung zu rufen, während lange Erläuterungen oft von der eigentlichen Aufgabenstellung ablenken. Ausführliche Hilfstexte sind jedoch für Anfänger und solche Benutzer notwendig, die bisher nicht verwendete Teile und Einrichtungen des EUS kennenlernen und in die Problemlösung einbeziehen wollen.

Abb. 4.7: Basisstrukturen für Auskunftsdialoge

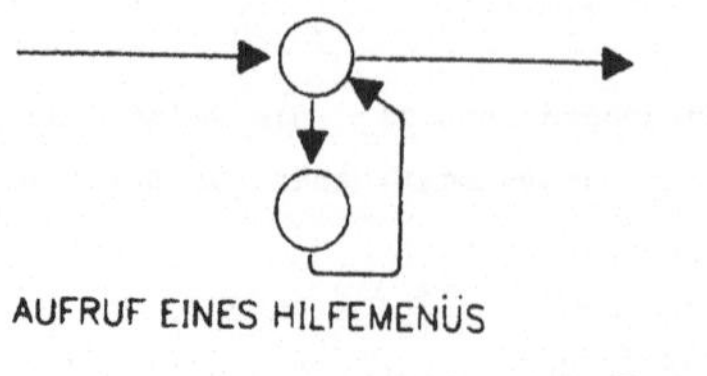

AUFRUF EINES HILFEMENÜS

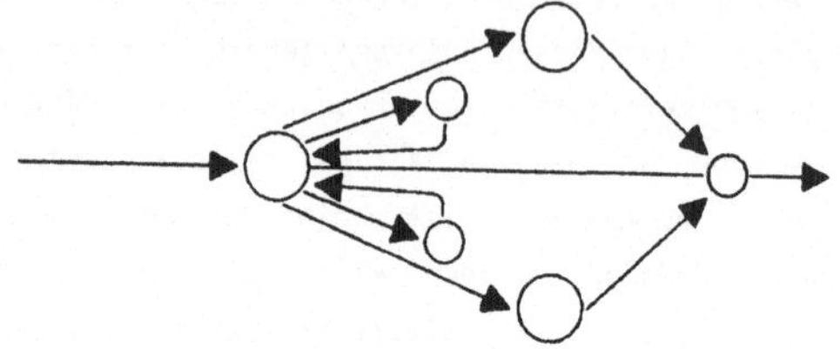

VORAUSSCHAUENDE HILFE

Das "Hilfestellungs-Menü" muß nicht als Option in der Struktur des Dialoggraphen enthalten sein, sondern kann durch ein separates Kommando oder eine Funktionstaste aufgerufen werden. Auskunftsmenüs können sich dabei wie Unterprogrammaufrufe verhalten. Sie leiten dann zu dem Ausgangspunkt zurück, nachdem der Benutzer die Auskunft erhalten hat.

Eine Erweiterung dieser Technik ist die "vorausschauende" Hilfe, wie sie im zweiten Teil der Abb. 4.7 dargestellt ist (vgl. BRW82). Hierbei werden jeder Option im Menü eigene Hilfstexte beigeordnet. Diese können z. B. durch ein Fragezeichen aktiviert werden, das der Auswahl einer Option hinzugefügt wird. Vorausschauende Hilfe ist immer dann sinnvoll, wenn der Benutzer sich über die Konsequenzen einer Entscheidung unsicher ist.

Hilfemenüs sollten nicht zu großen Teilnetzen ausgedehnt werden, da sonst die Gefahr besteht, daß der Anwender einerseits vergißt, weshalb er eigentlich Hilfestellungen angefordert hat, und andererseits verärgert darüber ist, daß er für eine eventuell untergeordnete Fragestellung umfangreiche Texte lesen muß.

4.3 Kontrolle und Benutzung von Dialognetzen

Der bisher vorgestellte Vorschlag zum Aufbau eines Dialoggraphen geht von den Verfahren der strukturierten Programmierung aus. Für die überwiegende Anzahl von Anwendungen reicht er dort auch aus, wenn man z. B. noch Erweiterungen für die Behandlung von Unterbrechungen (interrupt) und zur Synchronisation von gleichzeitigen Prozessen vornimmt. Für Menüsysteme ist die Anwendbarkeit in dieser Allgemeinheit nicht gesichert. Wenn auch davon ausgegangen werden kann, daß alle Dialoge für EUS, wie sie bisher beschrieben wurden, modelliert werden können, so sind doch Anwendungen denkbar, wo dies nicht der Fall ist. Bei Graphen, die z. B. die Stellen in einer Organisation den Aufgaben, die zu erledigen sind, und den sie verrichtenden Personen zuordnen sollen, sind Querbeziehungen zwischen den einzelnen Teilgraphen notwendig. Dabei entstehen nicht-planare Netze, da Knoten von mehreren Kanten angelaufen und auch von mehreren Kanten verlassen werden. Sie beschreiben aber Aufgabentypen, die z. B. in Unternehmen vorkommen.

4.3.1 Strukturen und Arbeitsweise eines Dialogmanagers

Nachfolgend soll neben den Strukturen und der konzeptionellen Arbeitsweise des Dialogmanagers bei IDAMS vor allem diskutiert werden, welche Nutzungsformen eines Dialoggraphen angetroffen werden können.

Der Dialogmanager bei IDAMS basiert auf den bisher beschriebenen Strukturen und Operationen, wobei vor allem für die Menüs zwischen den

Typen und den dort enthaltenen Informationen unterschieden wird. Der Anwendungsadministrator kann daher jederzeit sowohl die Struktur des Graphen als auch die Texte in den Knoten ändern.

4.3.1.1 Kontrollstrukturen

Zur Realisierung eines Dialogsystems in der hier vorgeschlagenen Form werden zumindest zwei adressierbare Datenstrukturen benötigt. Darunter wird hier ein Datentyp verstanden, in dem man beliebige Informationen abspeichern, zurückgewinnen und bei Bedarf auch wieder löschen kann.

Die erste dieser beiden Datenstrukturen enthält numerische Vektoren. Sie dient zur Abspeicherung aller Nachfolgerrelationen des Dialogsystems, die in ihrer Gesamtheit die Struktur des zugehörigen Dialoggraphen vollständig nachbilden. Dazu werden die Knoten des Dialoggraphen nicht nur mit Namen, sondern auch mit eindeutigen Adressen versehen. Eine Nachfolgerrelation wird also dadurch spezifiziert, daß unter der Adresse eines Knotens die Adressen aller seiner Nachfolgerknoten enthalten sind.

Die zweite Datenstruktur enthält Texte. Es handelt sich um die Ausprägungen von Rahmen, d. h. um die eigentlichen Menütexte. Dies können sowohl Daten sein, die dem Rahmen von Anfang an eigen sind, als auch Daten, die den Menüs zugeordnet werden. Darunter kann man sich folgende Informationen vorstellen:

- Namen der Menüs;
- Anfangsstrukturen der Eingaberahmen;
- derzeitige Eintragungen in die Eingaberahmen;
- Informationen über die Initialisierung der Eingaberahmen;
- Nachfolgernamen der Auswahlmenüs;
- Erklärungstexte der Optionen in verschiedenen Detaillierungsstufen;

- Quell- oder Objektcode der Prozeduren;
- Auswahllisten der Vielwahlknoten;
- Erklärungstexte zu den Menüs;
- Fehlermeldungen;
- ausführliche Hilfstexte.

Die Trennung zwischen Graphenstruktur und den Inhalten von Rahmen ermöglicht es, die Menüs jedem EUS so anzupassen, daß unter Beibehaltung der Struktur auf die Wünsche und das Sprachverständnis der Anwender eingegangen werden kann.

4.3.1.2 Arbeitsweise des Dialogkontrollprogramms

Dem Dialogkontrollprogramm wird beim Aufruf des EUS die Adresse des Menüs übergeben, mit dem der Dialog beginnen soll. Dieses Menü ist meist das Hauptmenü. Wenn kein Hauptmenü existiert, müssen Einstiegsprogramme (Kommandos) vorhanden sein, die dem Anwender einen Zugang in den gewünschten Teil des Dialoggraphen gestatten. Allerdings ist diese Vorgehensweise weniger benutzerfreundlich, da der Benutzer dabei neben einer Befehlsliste noch die Topologie des jeweiligen Dialogsystems kennen muß.

Bei jeder Interaktion mit dem Benutzer errechnet das Kontrollprogramm eine Adresse für die ausgewählte Option und entnimmt aus der Existenz bzw. Nichtexistenz dieser Adresse zunächst die Informationen, welche Aktionen im gerade aktuellen Stadium durchzuführen sind und wie diese im einzelnen gestaltet werden müssen.

Wenn ein Auswahlmenü vom Benutzer verlassen bzw. keine Option gewählt wird, weil es keinen feststehenden Nachfolger gibt, berechnet das Kontrollprogramm eine mögliche Adresse, indem es die Nachfolgerrelationen aus der Adreßstruktur benutzt. Dabei sind folgende Dialogregeln vorgesehen:

- Rücksprung zum nächsthöheren Menü.

- Rücksprung zum Hauptmenü.
- Rücksprung zum Anfangsstadium, d. h. Nichtigmachen des bisherigen Dialogs.
- Die "Bewegungen" im Dialoggraphen erfolgen benutzergesteuert. Besonders wichtig ist z. B. das nochmalige Durchlaufen einer Eingabe- oder Vielwahlkomponente des gerade aktiven Menüs.

Falls zu einem Knoten keine Nachfolgerrelation existiert, handelt es sich um ein Blatt des Graphen und das Kontrollprogramm setzt die neue Adresse automatisch - also ohne jede Benutzeraktion - auf den nächst höheren Knoten.

Um einen automatischen oder einen vom Benutzer befohlenen "Rückmarsch" durchführen zu können, werden in einer weiteren Kontrollstruktur dynamisch die Adressen der Knoten beim "Vormarsch" registriert, die auch bei jeder Veränderung fortgeschrieben werden. Eine solche Kontrollstruktur ist die Voraussetzung zur Definition von Wegen.

Wenn ein Menü nur einen Nachfolger hat, also kein Auswahltyp ist, dann sind dieser Knoten und sein Nachfolger hintereinander geschaltet, d. h. beide Menüs werden nacheinander ohne jede Benutzeraktion beim Übergang aktiv. Wenn man z. B. mehrere Prozeduren auf diese Weise hintereinander fixiert, kann man ein umfangreiches Menü mit mehreren Eingängen aufteilen und so dem Benutzer verständlicher machen.

Es besteht ferner die Möglichkeit, das Kontrollprogramm von einer Prozedur aus rekursiv aufzurufen und dadurch ein anderes Teildialogsystem zur Verfügung zu haben. Diese Einrichtung ist vor allem für die Integration weiterer Anwendungen und des Auskunftssystems von Bedeutung.

4.3.2 Integration von verschiedenen Rahmen zu einem Menü

Die bisher besprochenen Menüformen können zu funktional mehrwertigen Menüs oder Kombinationstypen vereinigt werden. Es handelt sich dabei um eine beliebige Folge der obigen Rahmentypen. Für die identifizierten Strukturen gibt es folglich 31 verschiedene Möglichkeiten, um Kombinationen aus (ABCDE) zu bilden, jedoch sind nur wenige Formen davon aus der Sicht einer Anwendung sinnvoll. Zur Verdeutlichung werden hier die Kombinationen (BD), (ABD) und (ACE) diskutiert. In Abb. 4.5 seien z. B. die Knoten 8131 und 8132 eine Kombination der Rahmentypen C und E.

Im Dialogablauf bewirken Kombinationsmenüs, daß alle Komponenten entweder gleichzeitig oder nacheinander in der Reihenfolge aktiviert werden, wie es im Kombinationstyp festgehalten ist. Wenn die Komponenten nacheinander aktiv werden, dann geht der Übergang nach der Beendigung eines Menüs zum anderen automatisch - also ohne jede Benutzeraktion - vonstatten.

Im Fall (BD) würde gleichzeitiges Aktivieren beider Komponenten die Aufteilung eines Bildschirms in zumindest zwei Teile voraussetzen. Während man z. B. in einem Teil Eingaben vornimmt, könnte im anderen Teil eine Auswahl getroffen werden. Nacheinander Aktivieren hieße in diesem Fall, daß erst nach dem Verlassen des Eingabemenüs eine Auswahl aus den nachfolgenden Knoten angeboten wird.

Bei Menüs, die eine Vorprozedur (ABD) und/oder eine Nachprozedur (ACE) als Komponenten enthalten, ist der Dialog so geregelt, daß die Vorprozedur nur abläuft, wenn das Menü, um bei der Sicht von Graphen zu bleiben, "von oben" betreten wird und daß die Nachprozedur nur ausgeführt wird, wenn das Menü "nach unten" verlassen wird. Dadurch wird ein unerwünschtes, wiederholtes Abrufen von Prozeduren vermieden. Durch das Einbetten eines Teildialogsystems zwischen Vor- und Nachprozeduren kann ein Aufruf dieses Teildialogsystems von einer Prozedur vorgenommen werden. Sie sorgt dann für die nötigen Voraussetzungen, z. B. Laden der Objektbeschreibungen.

4.3.3 Vordefinierte Wege

Sehr häufig stellt sich im Laufe der Zeit heraus, daß ein Weg durch den Dialoggraphen besonders intensiv benutzt wird, und daß dabei immer dieselben Entscheidungen getroffen werden, bis ein Zielknoten erreicht wird.

So seien z. B.

(1) 0 -- 7 -- 75 -- 81 -- 812
(2) 0 -- 8 -- 81 -- 74

zwei Wege, die in einem Dialogsystem nach der Abb. 4.5 von einigen Anwendern wiederholt verwendet werden. Sie unterscheiden sich insofern, als der zweite Weg beim Menü (74) vom Anwender eine Entscheidung erwartet, während der erste Weg keine Interaktionen verlangt. Beide Fälle haben jedoch ein gemeinsames Merkmal. Sie ersparen es dem Anwender, jedesmal routinemäßig dieselben Entscheidungen an Knoten zu treffen, die nicht mit dem Zielmenü identisch sind. Die Behandlung von Wegen als definier- und speicherbare Objekte erlaubt es nun, in das Ausgangsmenü diese Wege als Optionen aufzunehmen. Beim obigen Weg (1) wird danach automatisch der Blattknoten (812) ausgeführt und dem Benutzer das Ergebnis präsentiert. Im zweiten Fall wird das Zielmenü (74) gezeigt, aus dem dann der Anwender zwischen den Optionen (741,742) wählen kann. Wege können einen "Rückmarsch" enthalten. Dies würde im ersten Fall bedeuten, daß zum Hauptmenü zurückgeführt wird. Im zweiten Fall ist dies nicht möglich, da der Weg nur bis zur ersten Entscheidung durch einen Anwender vordefiniert worden ist.

Die Möglichkeit, Wege zu definieren, gestattet es, die Dialoge bei strukturierten Anwendungen vollständig vorherzuplanen. So könnte z. B. für ein spezielles EUS nur ein Hauptmenü existieren, das einige Wege durch den zugrundeliegenden Dialoggraphen als Optionen enthält. Dadurch wird nicht nur die Benutzung vereinfacht, sondern das System auch vor mißbräuchlicher Verwendung geschützt. So können z. B. individuelle "Benutzersichten" auf dem Dialoggraphen definiert werden, wodurch der Anwender, ohne die Route zu kennen, automatisch zum Ziel kommt.

Um eine teilweise Nutzung und dadurch eine effiziente Benutzerkontrolle zu garantieren, ist es nicht erforderlich, das Dialogsystem selbst zu ändern, sondern es ist nur entscheidend, welche Einstiegsmenüs zur Verfügung gestellt werden und welche Möglichkeiten die Benutzer haben, neue Einstiegspunkte für sich selbst zu definieren.

Prinzipiell ist natürlich der Einstieg an jedem beliebigen Knoten möglich, wobei nicht unbedingt eine Option des aktiven Menüs gewählt werden muß, sondern auch an andere Knotenpunkte direkt gesprungen werden kann. Diese benutzerdefinierte Erstellung von Wegen wird nachfolgend diskutiert.

4.3.4 Benutzerdefinierte Wege

Bei einem Dialogsystem für EUS kann zwischen "statischen" und "dynamischen" Wegen unterschieden werden. Während statische Wege den im Dialoggraphen definierten Beziehungen der Knoten folgen, erlauben dynamische Wege Sprünge von jedem Knoten zu beliebigen anderen Knoten. Statische Wege werden schrittweise durchlaufen, sind also z. B. mit einem Landstraßennetz vergleichbar, bei dem auch an jeder Kreuzung entschieden werden muß, wie man zum Ziel gelangt. Sie können aber auch vordefiniert sein und sind dann mit Autobahnen vergleichbar, da hier die Berührung von Orten auf der Wegstrecke vermieden wird.

Dynamische Wege sind eher mit einer Flugverbindung zu vergleichen, bei der ein Passagier nach dem Start am Zielort landet. Hier wie dort kann der Anwender eine einfache oder eine Rückfahrkarte erstehen. Während der erste Fall einem GOTO entspricht, ähnelt die Rückfahrkarte einem Unterprogrammaufruf. Beide Formen sind für ein Dialogsystem hilfreich. Ein GOTO (vgl. DIJ68) ist z. B. notwendig, wenn der Anwender während des Dialogs feststellt, daß er bisher einen wenig erfolgversprechenden Weg bei der Problemlösung eingeschlagen hat. Bei genauer Kenntnis des Dialognetzes kann er mit Hilfe eines GOTO zu einem anderen Knoten springen und dort den Dialog fortsetzen. Dabei ist es eventuell notwendig, die bisherige Arbeit ungeschehen zu machen und die Voraussetzungen für die Bearbeitung des Zielknotens zu schaffen. Eine Rückkehr zum Ausgangspunkt ist immer dann hilfreich, wenn während des Dialogs z. B. die Notwendigkeit entsteht, ein Benutzerobjekt zu definieren und danach wieder mit dem ehemaligen Dialog an der unterbrochenen Stelle fortzufahren. Der Aufwand für beide Fälle ist nicht für alle Knoten gleichermaßen gerechtfertigt, so daß man eventuell nur wenige Menüs mit den Eigenschaften auszeichnen sollte, sie entweder direkt ansteuern oder verlassen zu können.

Die benutzergesteuerte Erzeugung birgt allerdings auch erhebliche Gefahren in sich. So war es eine Erkenntnis des strukturierten Programmierens, daß Sprünge mit GOTO-Kommandos die Wartbarkeit von Programmen erschweren (DIJ68). Man ging sogar soweit, Verzweigungen dieser Art zu verbieten. Allerdings besteht ein wesentlicher Unterschied zwischen Programmsystemen und Menünetzen. Bei Programmen werden Entscheidungen von Maschinen, bei Dialogsystemen jedoch von Menschen getroffen. Weiterhin ist bei EUS das Eingreifen des Menschen durch die Unbestimmtheit der Entscheidungen ein charakterisierendes Merkmal. Um Problemlösungen zu entwickeln und bei der Ausführung kontrollieren zu können, muß die Benutzerschnittstelle Sprachformen enthalten, die ein solches Verhalten auch gestatten. Beim heutigen Stand der Technik ist es dabei jedoch nicht immer möglich, vor allem funktional umfangreiche Dialogsysteme so allgemein zu konzipieren, daß jedes Fehlverhalten rechtzeitig vom System erkannt werden kann.

ZUSAMMENFASSUNG

Die Einbeziehung der höher qualifizierten Angestellten in die direkte Nutzung der Datenverarbeitung soll gewährleisten, daß diese sich schneller und zusätzliche Entscheidungsgrundlagen für ihr Anwendungsgebiet verschaffen, ohne dabei den aufwendigen Umweg über eine Programmierabteilung nehmen zu müssen. Obwohl dazu die technischen Voraussetzungen sowohl im Hardware- als auch im Softwarebereich durch Mikrorechner, interaktive Datenstationen und funktionsbezogene Anwendungssysteme vorhanden sind, beobachtet man die auf den ersten Bick "unverständliche" Situation, daß gegenwärtig Endbenutzersysteme die in sie gesetzten Erwartungen nicht erfüllen.

Dies hat zu einem erheblichen Teil seinen Grund darin, daß die Anwender sich oft mit einer vorgefertigten Standardlösung konfrontiert sehen, die ein limitiertes, aus der Sicht einer Fachwissenschaft oft veraltetes oder für die geplante Anwendung ungeeignetes Methodenangebot besitzt. Weiterhin sind viele Anwendungssysteme auf ein zu kleines Anwendungsspektrum begrenzt, sind isoliert von der übrigen Datenverarbeitung und verwenden daher keine aktuellen Daten oder verlangen vom Anwender die Benutzung umständlicher Dialogformen. Oft wird der Lernaufwand als in keinem Verhältnis zum Ergebnis stehend empfunden.

Der hier vorgeschlagene Ansatz zur Beurteilung und zur Erstellung von Endbenutzersystemen geht davon aus, daß sich die Dialogformen nicht an den technischen Gegebenheiten der Rechenanlagen, sondern an den Sprachen und Repräsentationsformen von Anwendungen orientieren müssen. Um dieses Ziel zu erreichen, ist es notwendig zwischen dem Entwurf und der Abbildung einer Anwendung auf ein Datenverarbeitungssystem zu unterscheiden. Während der Entwurfsphase werden mit allgemein gültigen Beschreibungsverfahren, Modelle des jeweiligen Anwendungsbereiches entwickelt, die erst in einem weiteren Schritt auf die speziellen Schnittstellen eines DV-Systems abgebildet werden. Ein solche Vorgehensweise beteiligt den späteren Benutzer bei der Erstellung, verwendet sein Wissen über die Anwendung und setzt ihn nicht einer vorgefertigten Technologie aus. Für die Erarbeitung eines Entwurfes durch den Anwender werden Modellkonzepte vorgeschlagen, die es erlauben, unabhängig von einer konkreten Realisierung mit einem Rechner, Strukturen und Abläufe zu modellieren. Es wird an einem Teilgebiet der Kostenrechnung demonstriert, wie die allgemeinen, aber formalen Konzepte verwendet werden können. Dabei zeigt sich, daß gegenwärtige Modellierungsverfahren der Datenverarbeitung nicht direkt genug sind, um einerseits die Einordung in eine Organisation oder die Berücksichtigung von Ausnahmen durch einen Endbenutzer abbilden zu lassen. Hierzu werden Lösungen diskutiert und deren Anwendung demonstriert.

Neben der Modellierung steht für den Endbenutzer vor allem die leichte Verwendung des entstanden Systems im Vordergrund. Häufig beobachtet man dabei die Situation, daß nur triviale Probleme leicht zu formulieren sind, während die Erarbeitung kreativer Lösungen einen erheblichen Formulierungsaufwand mit sich bringt. Die Ursache dafür liegt ebenfalls in den ungeeigneten Modellierungskonzepten begründet, die vom Anwender erst eine Aufbereitung der Daten und eine Anpassung der Verfahren verlangt. Eine für die aufgestellten Erfordernisse passende Dialogkonzeption wird vorgeschlagen.

LITERATURVERZEICHNIS

(ACK60) ACKOFF, R.L.:
Unsuccessful Case Studies and Why, in: Operations Research, Vol. 8, No. 4, 1960, S. 259 - 263.

(ACK76) ACKOFF, R.L.:
Management Misinformation Systems, in: Management Science, Vol. 14, No. 4, S. B147 - B156.

(ACM78) ACM SIGMOD:
A Status Report on the Activities of the CODASYL End User Facilities Committee (EUFC), in: ACM SIGMOD Record, Vol. 10, No. 2 & 3, Washington 1978.

(ALP80) ALPAR, P.:
Computergestützte interaktive Methodenauswahl, FWI-Verlag, Frankfurt 1980.

(ALT77) ALTER, S.L.:
A Taxonomy of Decision Support Systems, in: Sloan Management Review, Vol. 19, No. 1, 1977, S. 39 - 56.

(ALT80) ALTER, S.L.:
Decision Support Systems: Current Practices and Continuing Challenges, Reading (Mass) 1980.

(AND75) ANDREOLI, P., STEADMAN, J.:
Management Decision Support Systems: Impact on the Decision Process, Master's Thesis, M.I.T., 1975.

(ANT65) ANTHONY, R.N.:
Planning and Control Systems: A Framework for Analysis, Boston 1965.

(AWU79) AWUS:
Studie für ein benutzerfreundliches Anwendungs-Unterstützungs-System, Universität Stuttgart, Dok.Nr. 79/12, 1979.

(BAC73) BACHMANN, C.W.:
The Programmer as Navigator, in: CACM, Vol. 15, July 1973, S. 653 - 658.

(BAL80) BALZER, R.M.:
What should be modelled?, in: Proceedings of the Workshop on Data Abstraction, Databases and Conceptual Modelling, Pingree Park 1980, S. 40 - 42.

(BAR81) BARRON, J.:
Dialogue and Process Design for Interactive Information Systems using TAXIS, University of Toronto, Technical Report, CSRG-128, April 1981.

(BAT79) BARTH, H.:
Verallgemeinerte Anwendungssysteme auf der Basis von Daten-, Methoden- und Modellbanksystemen, Diss. Universität Dortmund 1979.

(BCS77) BRITISH COMPUTER SOCIETY:
Data Dictionary Working Party Report, March 1977.

(BCS81) BRITISH COMPUTER SOCIETY:
Query Languages - a Unified Approach, British Computer Society, Cambridge 1981.

(BEN77) BENNETT, J.:
User-Oriented Graphics, Systems for Decision Support in Unstructured Tasks, in: Treu, S. (Hrsg.): User-Oriented Design of Interactive Graphics Systems, New York 1977, S. 3 - 11.

(BER76) BERGEN, M., SCHAUER, U., SCHMUTZ, H.:
Extended "Query by Example" Syntax and Semantic Rules, IBM Scientific Center, Technical Note 76.02, Heidelberg 1976.

(BEV80) BEVER, M., LOCKEMANN, P.C.:
Embedding Database Management Systems in Programs, interner Bericht Nr. 18/80, Universität Karlsruhe 1980.

(BIL76) BILLER, H. :
Die Semantik von Datenbanken, Diss. Universität Stuttgart 1976.

(BLA76) BLASER, A.:
Trends in der interaktiven Rechnerbenutzung, in: IBM Nachrichten, April 1976, S. 94 - 99.

(BLA76b) BLASER, A., SCHMUTZ, H.:
Datenbankforschung heute - Versuch einer Bestandsaufnahme, in: IBM Nachrichten, Juli 1976, Hft. 231, S. 229 - 235 und Oktober 1976, Hft. 232, S. 318 - 324.

(BLA82) BLASER, A., u. a.:
Integrated Data Analysis and Management System Feature Description, in: Brodie, M.L., Schmidt, J.W. (Hrsg.): Relational Data Base Management Systems, Berlin - Heidelberg 1982, S. 76 - 133.

(BLG79) BLASGEN, M.W., u. a.:
System R: An Architectural Update, IBM Research Report, RJ2581, July 1979.

(BOD80) BODENDORF, F.:
Anwendungsorientierte Aspekte von Methodenbanksystemen - Das Beispiel SAMBA, in: Mitteilungen der GI-Fachgruppe Methoden- und Modellbanksysteme, Heft 3, 1980, S. 37 - 53.

(BRD78) BRODIE, M.L.:
Specification and Verification of Data Base Semantic Integrity, University of Toronto, Technical Report CSRG-91, 1978.

(BRD81) BRODIE, M.L.:
On Modelling Behavioural Semantics of Data Bases, Univ. of Maryland, Technical Report MCG 77-22509, February 1981.

(BRE79) BREUTMANN, B., FALKENBERG, E., MAUER, R.:
CSL : A Language for Defining Conceptual Schemas, in: Proceedings of the IFIP TC 2 Working Conference on Data Base Architecture, North Holland 1979, S. 237 - 273.

(BRO78) BROSEY, M., SHNEIDERMAN, B.:
Two experimental Comparisons of Relational and Hierarchical Database Models, in: Int.J.Man-Machine Studies, Vol. 10, 1978, S. 625 - 637.

(BRU73) BRUNNSTEIN, K., SCHMIDT, J.W.:
Structuring and Retrieving Information in Computer Based Learning, in: Int. Journal of Computer and Information Science 2, 1973.

(BRW82) BROWN, J.:
Controlling the Complexity of Menu Networks, in: CACM, Vol. 25, No. 7, July 1982, S. 412 - 418.

(BUN79) BUNEMANN, P., FRANKEL, R.E.:
FQL - a Functional Query Language, in: International Conference on Management of Data, ACM-SIGMOD 1979, Boston, Massachusetts, 1979, S. 52ff.

(CAM81) CARLSON, E.D., METZ, W.:
A Design for Table-Driven Display Generation and Management Systems, in: Carlson, E. D., u. a. (Hrsg.): Display Generation and Management Systems (DGMS) for Interactive Business Applications, Braunschweig 1981, S. 17 - 53.

(CAR77) CARLSON, E.D. (Hrsg.):
Proceedings of a Conference on Decision Support Systems, Data Base, Vol. 8, No. 3, Winter 1977.

(CAS74) CARLSON, E.D., SUTTON, J.A.:
A Case Study of Nonprogrammer Interactive Problem Solving, in: IBM Research Report RJ1382, April 1974.

(CDA78) CODASYL:
Report of the CODASYL Data Description Language Committee, in : Information Systems, Vol. 3, No. 6, 1978, S. 1 - 148.

(CHA75) CHAMBERLIN, D.D., GRAY, J.N., TRAIGER, I.L.:
Views, Authorization and Locking in a Relational Data Base System, in: Proceedings of the AFIPS NCC, Vol. 44, 1978, S. 425 - 430.

(CHA76) CHAMBERLIN, D.D., u. a.:
SEQUEL2: A unified Approach to Data Definition, Manipulation, and Control, in: IBM Journal of Res.Develop., Vol. 20, No. 6, 1976, S. 560 - 575.

(CHA76b) CHAMBERLIN, D.:
Relational Data-Base Management Systems, in: Computing Surveys, Vol. 8, No. 1, March 1976, S. 43 - 66.

(CHA80) CHAMBERLIN, D.:
A Summary of User Experience with the SQL Data Sublanguage, Proc. Int. Conf. on Data Bases, Aberdeen 1980.

(CHE76) CHEN, P.P.S.:
The Entity-Relationship-Model, in: ACM-TODS, March 1976, S. 9 - 36.

(COD70) CODD, E.F.:
A Relational Model for Large Shared Data Banks, in: CACM, June 1970, S. 377 - 387.

(COD72) CODD, E.F.:
Relational Completeness of Data Base Sublanguages, in: Rustin, R.(Hrsg.): Data Base Systems, Englewood Cliffs, N.J., 1972, S. 65 - 98.

(COD74) CODD, E.F.:
Seven Steps to Rendezvous with the Casual User, in: Proceedings of the IFIP TC-2 Working Conference on Data Base Management, April 1 - 5, 1974, Cargese, North Holland, S. 179 - 200.

(COD79) CODD, E.F.:
Extending the Database Relational Model to Capture more Meaning, in: ACM-TODS, Vol. 4, No. 4, 1979, S. 397 - 434.

(COU80) COURBON, J.C., u. a.:
Design and Implementation of Interactive Decision Support Systems: An Evolutive Approach, unveröffentlichter MIT Report, Boston 1980.

(DAL77) DALE, A.G., LOWENTHAL, E.I.:
End-user Interfaces for Data Base Management Systems, in: Jardine, D.A.(Hrsg.): The ANSI/SPARC DBMS Model, Amsterdam 1977, S. 81 - 99.

(DAT80) DATE, C.J.:
An Introduction to the Unified Database Language (UDL), IBM Santa Teresa, TR03.106, 1980.

(DAT81) DATE, C.J.:
An Introduction to Data Base Systems, 3. Auflage, Reading (Mass.) 1981.

(DEA67) DEARDEN, I.:
Can Management be Automated?, in: Harvard Business Review, No. 9/10, 1967, S. 128 - 135.

(DEJ80) DE JONG, S.P.:
The System for Business Automation (SBA): A Unified Application Development System, in: IBM Research Report, RC 7955, 1980.

(DIJ68) DIJKSTRA, E.W.:
Go to Statement Considered harmful, in: CACM, Vol. 3, No. 11, March 1968, S. 147 - 148.

(DIT79) DITTRICH, K.R., u. a.:
Methodenbanksysteme: Ein Werkzeug zum Maßschneidern von Anwendungssoftware, in: Informatik-Spektrum, Band 2, 1979, S. 194 - 203.

(DUR77) DURDING, B.M., BECKER, C.A., GOULD, J.D.:
Data Organization, in: Human Factors, Vol. 19, 1977, S. 1 - 14.

(EBE77) EBERLE, H., SCHMUTZ, H.:
Calling PL/I or FORTRAN Subroutines dynamically from VSAPL, IBM HDSC Technical Report 77.11.007, 1977.

(ERB75) ERBE, R., WALCH, G.:
Ein Dialogsystem zur Methodensuche, in: Proceedings 5. Jahrestagung der GI, Berlin 1975, S. 133 - 147.

(ERB78) ERBE, R., u. a.:
Integrated Data Analysis and Management System - User Manual, IBM HDSC Technical Note 78.04, 1978.

(ERB80) ERBE, R., LEHMANN, H., MÜLLER, G., SCHAUER, U.: Integrated Data Analysis and Management for the Problem Solving Environment, in: Information Systems, Vol. 5, No. 4, 1980, S. 273 - 285.

(ESP78) ESPRESTER, A.C.: Die Entwicklung einer Methodenbank und einer Methodenbanksprache, in: Angew. Informatik, 20, 1978, S. 203 - 206.

(FAG77) FAGIN, R.: Multivalued Dependencies and a New Normal Form for Relational Data Bases, in: ACM-TODS, Vol. 2, Sept. 1977, S. 25 - 43.

(FIT79) FITTER, M.: Towards more "Natural" Interactive Systems, in: Int.J.Man-Machine Studies, Vol. 11, 1979, S. 339 - 350.

(GAI78) GAINES, B.R.: Man-computer Communication - what next?, in: Int.J.Man-Machine Studies, Vol. 10, 1978, S. 225 - 232.

(GEB78) GEBHARDT, F., STELLMACHER, I.: Opinion Paper: Design Criteria for Documentation Retrieval Languages, in: Journal of American Society for Information Science, Juli 1978, S. 191 - 199.

(GOR71) GORRY, G.A., SCOTT MORTON, M.S.: A Framework for Management Information Systems, in: Sloan Management Review, Vol. 13, No. 1, 1971, S. 55 - 70.

(GRD75) GORDON, L.A., MILLER, D., MINTZBERG, H.: Normative Models in Managerial Decision Making, New York 1975.

(GRE78) GREENBLATT, D., WAXMAN, J.: A Study of three Database Query Languages, in: Shneiderman, B.(Hrsg.): Databases: Improving Usability and Responsiveness, New York 1978, S. 77 - 97.

(HAB76) HABERSTOCK, L.: Kostenrechnung, 4. Auflage, Wiesbaden 1976.

(HAC81) HACKATHORN, R., KEEN, P.: Organizational Strategies for Personal Computing in Decision Support Systems, in: MIS Quarterly, Vol. 5, No. 3, 1981.

(HAL78) HALL, P.A.V.: Man-Computer Dialogues for Many Levels of Competence, in: Proc. Information Systems Methodology, Venedig 1978.

(HAM78) HAMMER, M., McLEOD, D.:
The Semantic Data Model: A Modelling Mechanism for Data Bases, in: ACM-SIGMOD, Austin 1978.

(HAN79) HANSEN, H.R.:
Möglichkeiten und Probleme beim Einsatz von Standardanwendungssoftware, in: IBM Nachrichten 29, 245, 1979, S. 149 - 155.

(HAN81) HANSEN, H.R.:
Wirtschaftsinformatik I, 3. Auflage, Stuttgart 1981.

(HEL75) HELD, G.D., STONEBRAKER, M.R., WONG, E.:
INGRES - A Relational Data Base System, in: AFIPS, NCC Proceedings, Vol. 44, Montvale 1975, S. 409 - 416.

(HEN78) HENDRIX, G.G., u. a.:
Developing a Natural Language Interface to Complex Data, in: ACM-TODS, Vol. 3, No. 2, 1978, S. 105ff.

(HER81) HERMANN, J.:
Ein Auskunftssystem in der Kosten- und Leistungsrechnung auf der Basis von IDAMS, Diplomarbeit Universität Frankfurt (Prof. Dr. P. Riebel), 1981.

(HOP81) HOPPER, K.:
User-oriented Command Language - Requirements and Designs for a Standard Job Control Language, British Computer Society, Bristol 1981.

(HUE79) HÜBER, R., u. a.:
Das KARAMBA Methodenbanksystem, in: Proc 9. GI-Jahrestagung, Bonn 1979, S. 322 - 336.

(HUE82) HÜBER, R.:
Systeme aus vorgefertigten Softwarebausteinen Entwurfsprizipien und Realisierungskonzepte, Diss. Universität Karlsruhe (TH) 1982.

(IBM80) IBM (Hrsg.):
IMS/VS Version 1, Utilities Reference Manual, Form Nummer SH20-9029-8, 1980.

(IBM81) IBM (Hrsg.):
IMS/VS Version 1, Data Base Administration Guide, Form Nummer SH20-9025-8, 1981.

(IBM81b) IBM (Hrsg.):
SQL/DS, Structured Query Language/ Data System, Allgemeine Übersicht, Form Nummer GH12-1415-1, 1981.

(JAC75) JACKSON, M.A.:
Principles of Program Design, London 1975.

(KEE78) KEEN, P.G.W., SCOTT MORTON, M.S.:
Decision Support Systems - an Organizational Perspective, Reading (Mass.) 1978.

(KEE80) KEEN, P.G.W.:
Decision Support Systems: A Research Perspective, MIT, CISR No. 54, 1980.

(KEN77) KENT, W.:
Limitations of Record-Oriented Information Models, IBM Technical Report, Santa Teresa, TR 03.028, 1977.

(KER76) KERSCHBERG, L., u. a.:
A Taxonomy of Data Models, University of Toronto, Technical Report CSRG-70, 1976.

(KIM79) KIM, W.:
Relational Database Systems, in: Computing Surveys, Vol. 11, No. 3, Sept. 1979, S. 185 - 210.

(KIR71) KIRSCH, W.:
Entscheidungsprozesse, Band III, Wiesbaden 1971.

(KLO79) KLÖSGEN, W., SCHWARZ, W.:
Das Modellbanksystem MBS - ein Dialogsystem zur Unterstützung der Arbeit mit Planungsmodellen, in: GMD-Jahresbericht, 1979, S. 55 - 62.

(KRA82) KRAUSE, J.:
Mensch-Maschine-Interaktion in natürlicher Sprache, Tübingen 1982.

(LEA81) LEAVENWORTH, B.:
Database Views using Data Abstraction, IBM Research Report RC 8722, 1981.

(LEH78) LEHMANN, H., OTT, N., ZOEPPRITZ, M.:
User Experiments with Natural Language for Data Base Access, in: Proc.7th Int.Conf.on Comp.Linguistics, Bergen 1978.

(LEH79) LEHMANN, H., BLASER, A.:
Query Languages in Data Base Systems, IBM HDSC Technical Report TR 79.07.004, Heidelberg, 1979.

(LOC77) LOCHOVSKY, F.H., TSICHRITZIS, D.C.:
User Performance Considerations in DBMS Selection, in: Proc. ACM SIGMOD, 1977, S. 128 - 134.

(LOK78) LOCKEMANN, P.C., MAYR, H.C.:
Rechnergestützte Informationssysteme, Berlin - Heidelberg 1978.

(LUM79) LUM, V., JEFFERSON, D., SU, ST., FRY, J., YAO, B.:
1978 New Orleans Data Base Design Workshop Report, IBM Research Report, RJ2554, 1979.

(MAN78) MANOLA, F.:
A Review of the 1978 CODASYL Database Specifications, in: Proc. 4th Int.Conf.on VLDB, New York, 1978, S. 232 - 242.

(MAR73) MARTIN, J.:
Design of Man-Computer Dialogs, Englewood Cliffs 1973.

(MCL81) McLEOD, D., KING, R.:
Semantic Database Models, in: Yao, S.B. (Hrsg.): Principles of Database Design, Prentice Hall, 1981 (Vorabmanuskript).

(MER77) MERTENS, P.:
Einige Hinweise zur technischen Gestaltung von Bildschirmdialogen, in: Arbeitsberichte des Instituts für math. Maschinen und Datenverarbeitung, 10, 6, Nürnberg 1977.

(MER77b) MERTENS, P., u. a.:
Verknüpfung von Daten- und Methodenbank, dargestellt am Beispiel der Analyse von Marktforschungsdaten, in: Plötzeneder, H. (Hrsg.): Computer Assisted Corporate Planning, SRA Lectures and Tutorials, Vol. 1, 1977.

(MIL77) MILLER, L.A., THOMAS, J.C.:
Behavioral Issues in the Use of Interactive Systems, in: Int.J.Man-Machine Studies, Vol. 9, London 1977, S. 509 - 536.

(MUC77) MUCHSEL, R.:
Kommandosprachen - Wunsch und Wirklichkeit, in: Angew. Informatik, Heft 9, 1977, S. 369 - 374.

(MUE78) MÜLLER, G.:
Informationsstrukturierung in Datenbanksystemen, München 1978.

(MUE79) MÜLLER, G.:
Ein interaktives graphisches Datenanalysesystem, in: Angew. Informatik Heft 1, Januar 1979, S. 35ff.

(MUE82) MÜLLER, G.:
Perspektiven des Einsatzes relationaler Datenbanktechnologie im betrieblichen Rechnungswesen, in: Kostenrechnungspraxis, 1982 (in Druck).

(MYL76) MYLOPOULOS, J., u. a.:
TORUS: A Step towards Bridging the Gap between Data Bases and the Casual User, in: Information Systems 2, 2, 1976.

(MYL78) MYLOPOULOS, J., BERNSTEIN, P.A., WONG, H.K.T.:
A Preliminary Specification of TAXIS: A Language for Designing Interactive Information Systems, Technical Report, CCA-78-02, Cambridge 1978.

(MYL80) MYLOPOULOS, J.:
An Overview of Knowledge Representation, in: Proceedings of the Workshop on Data Abstraction, Databases and Conceptual Modelling, Pingree Park 1980, S. 5 - 12.

(MYL80b) MYLOPOULOS, J.:
A Perspective for Research on Conceptual Modelling, in: Proceedings of the Workshop on Data Abstraction, Databases and Conceptual Modelling, Pingree Park 1980, S. 167 - 170.

(MYL80c) MYLOPOULOS, J., BERNSTEIN, P.A., WONG, H.K.T.:
A Language Facility for Designing Database-Intensive Applications, in: ACM-TODS, Vol. 5, No. 2, 1980, S. 185 - 207.

(NEW76) NEWSTED, P.R., WYNNE, B.E.:
Augmenting Man's Judgment with Interactive Computer Systems, in: Int.J.Man-Machine Studies, Vol. 8, 1976, S. 29 - 59.

(NIE79) NIEVERGELT, J., WEYDERT, J.:
Sites, Modes, and Trails: Telling the User of an Interactive System Where He Is, What He Can Do, and How to Get to Places, in: Proc. IFIP WG 5.2 Workshop on Methodology of Interaction, Seillac 1979.

(OTT79) OTT, N.:
Das experimentelle, auf natürlicher Sprache basierende Informationssystem USL, in: Nachrichten für Dokumentation, Vol. 30, Nr. 3, 1979.

(PLA76) PLATH, W.J.:
REQUEST: A Natural Language Question-Answering System, in: IBM Journal of Res. Develop., Vol. 20, 1976, S. 326ff.

(POL75) POLIVKA, R.P., PAKIN, S.:
APL: The Language and its Usage, New York 1975.

(REI81) REISNER, P.:
Human Factors Studies of Database Query Languages: A Survey and Assessment, IBM Research Report RJ 3070, 1981.

(RIE82) RIEBEL, P., SINZIG, W.:
Einsatzmöglichkeiten relationaler Datenbanken zur Unterstützung einer entscheidungsorientierten Kosten-, Erlös- und Deckungsbeitragsrechnung, in: Stahlknecht, P. (Hrsg.): EDV Systeme im Finanz- und Rechnungswesen, Berlin 1982, S. 93 - 125.

(ROB79) ROBERTSON, G., Mc CRACKEN, D., NEWELL, A.:
The ZOG Approach to Man-Machine Communication, CMU-CS 79-148, Technical Report, Carnegie-Mellon University 1979.

(SCA82) SCHAUER, U., ERBE, R., LEHMANN, H., MÜLLER, G.:
Integrated Data Analysis and Management System, in: DSS-82 Transactions, San Francisco 1982, S. 50 - 63.

(SCH83) SCHEER, A. W.:
Einfluß neuer Informationstechnologien auf Methoden und Konzepte der Unternehmensplanung, in: GI-Fachtagung, Unternehmensplanung und Steuerung in den 80er Jahren - eine Herausforderung an die Informatik, Berlin - Heidelberg 1983.

(SCL77) SCHLAGETER, G., STUCKY, W.:
Datenbanksysteme: Konzepte und Modelle, Stuttgart 1977.

(SCH77) SCHMIDT, H.A.:
An Analysis of some Constructs for the Conceptual Models, in: Nijssen, G.M.(Hrsg.): Architecture and Models in Data Base Management Systems, North Holland 1977, S. 119 - 148.

(SCM71) SCOTT MORTON, M.S.:
Management Decision Systems: Computer Based Support for Decision Making, Cambridge (Mass.) 1971.

(SEN80) SENKO, M.E.:
A Query-Maintenance Language for the Data Independent Accessing Model II in: Information Systems, Vol. 5, No. 4, 1980, S. 257 - 272.

(SHN78) SHNEIDERMAN, B.:
Improving the Human Factors Aspects of Database Interactions, in: ACM-TODS, Vol. 3, Nr. 4, 1978, S. 417 - 439.

(SHN80) SHNEIDERMAN, B.:
Software Psychology, Cambridge (Mass.) 1980.

(SIK82) SMITH, D., u.a.:
Designing the STAR User Interface, in: BYTE Magazine, April 1982, S. 263 - 288.

(SIM60) SIMON, H.A.:
The new Science of Management Decisions, New York 1960.

(SIM65) SIMON, H.A.:
The Shape of Automation for Men and Management, New York 1965.

(SLA79) STATISTISCHES LANDESAMT BERLIN:
ADAMARS - Konzept für Datenschutz und Konsistenzsicherung, in: Produktbeschreibung Version 0.1 des Statist. Landesamtes Berlin 1979.

(SMI77) SMITH, J.M., SMITH, D.C.P.:
Database Abstractions: Aggregation, in: CACM, Vol. 20, No. 6, 1977, S. 405 - 413.

(SMI77b) SMITH, J.M., SMITH, D.C.P.:
Database Abstractions: Aggregation and Generalization, in: ACM-TODS, Vol. 2, No. 2, 1977, S. 105 - 133.

(SMI79) SMITH, J.M., SMITH, D.C.P.:
A Database Approach to Software Specification, in: Riddle, W.E., Fairley R.E.(Hrsg.): Software Development Tools, Berlin-Heidelberg, 1979, S.176 - 200.

(SPR82) SPRAGUE, R.H., CARLSON, E.D.:
Building Effective Decision Support Systems, New Jersey 1982.

(STE76) STELLMACHER, I.:
Gestaltung benutzerfreundlicher Abfragesprachen, GMD-Bericht EU MAJUS 2, Bonn 1976.

(STE76b) STELLMACHER, I.:
Liste der Forderungen an eine Abfragesprache, GMD-Bericht EU MAJUS 3, Bonn 1976.

(STU82) STUDER, R.:
Konzepte für die interaktive Entwicklung und Benutzung von Anwendersystemen, Diss. Universität Stuttgart (TH) 1982.

(TEO78) TEORY, T.J., FRY, J.P.:
Logical Data Base Design: A Pragmatic Approach, in: Infotech. Int. Maidenhead, U.K. 1978, S. 357 - 384.

(TIN76) TING, T.C., BADRE, A.N.:
A Dynamic Model of Man-Machine Interactions: Design and Application with an Audiographic Learning Facility, in: Int.J.Man-Machine Studies, Vol. 8, London, 1976, S. 75 - 88.

(TOD76) TODD, S.J.P.:
The Peterlee Relational Test Vehicle - a System Overview, in: IBM Systems Journal, 1974, S. 285 - 308.

(ULL80) ULLMAN, J.P.:
Principles of Database Systems, Potomac (USA) 1980.

(VAN77) VANDIJCK, E.:
An Overview of Current Relational Data Base Query Languages, in: Data Base - The next five years, Infotech State of the Art Conf., Maidenhead, Berkshire, 1977, S. 141 - 159.

(VET81) VETTER, M., MADDISON, R.N.:
Data Base Design Methodology, London 1981.

(WAG75) WAGHORN, W.J.:
The DDL as Industry Standard?, in: Proceedings of the IFIP TC 2 Working Conference on Data Description, Wepion (Belgien) 1975, S. 121 - 167.

(WAL77) WALTZ, D.L., GOODMAN, B.A.:
Writing a Natural-Language Data Base System, in: Proc.5th Int.Joint Conf.on Artificial Intelligence, Cambridge (Mass.) 1977, S. 144ff.

(WAS79) WASSERMANN, A.I.:
The Data Management Facilities of PLAIN, Proc. ACM-SIGMOD 1979, S. 60 - 70.

(WAS79b) WASSERMANN, A.I.:
USE: a Methodology for the Design and Development of Interactive Information Systems, in: Schneider, H.-J. (Hrsg.): Formal Models and Practical Tools for Information Systems Design, North Holland 1979, S. 31 - 50.

(WED81) WEDEKIND, H.:
Datenbanksysteme I, eine konstruktive Einführung in die Datenverarbeitung in Wirtschaft und Verwaltung, Mannheim 1981.

(WEL81) WELTY, C., STEMPLE, D.W.:
Human Factors Comparison of a Procedural and a Non-procedural Query Language, in: ACM-TODS, 1981.

(WIR71) WIRTH, N.:
Program Development by Stepwise Refinement, in: CACM Vol. 4, No. 14, April 1971, S. 221 - 227.

(WON81) WONG, H.K.T.:
Design and Verification of Interactive Information Systems using TAXIS, University of Toronto, Technical Report, CSRG-129, April 1981.

(WOO77) WOODS, W.A.:
Lunar Rocks in Natural English: Explanations in Natural Language Question-Answering, in: Zampoli, S. (Hrsg.): Linguistic Structures Processing, Amsterdam 1977, S. 521ff.

(ZEH81) ZEHNDER, C.A.:
Informationssysteme und Datenbanken, Zürich 1981.

(ZLO75) ZLOOF, M.M.:
Query By Example, in: AFIPS, NCC Proc., Vol. 44, Montvale 1975, S. 431 - 438.

ANHANG: DATENBANKSPRACHEN

Name	Sprache	Anwendung	Software	Hersteller
AAIMS	APL	Zeitreihen		American Airlines
ADACOM	Kommando	allgemein	ADABAS	Software AG
ADASCRIPT+	Kommando	allgemein	ADABAS	Software AG
ADMINS/11	Maske	kommerziell	-	M.I.T./ADMINS
APL	Kommando	kommerziell/ wissenschaftl.	-	General Motors
AQUARIUS	Kommando	Text	STAIRS	IBM
ASI/ INQUIRY	Kommando	kommerziell	IMS	Applications Software Inc.
ASTRID	Kommando	kommerziell/ wissenschaftl.	FORTRAN IDS-II	Aberdeen Uni.
BIRD	Kommando	Text	-	Belfast Uni.
CCL	Kommando	Text	-	EEC
DAISY	Maske	Entscheidungs- unterstuetzung	-	Wharton University
DATABASIC	APL/BASIC	kommerziell/ wissenschaftl.	BASIC	General Electric
DATABOSS	Dialog	kommerziell/ wissenschaftl.	-	Florida Computer Inc.
DATA- QUERY	Kommando	kommerziell/ wissenschaftl.	DATACOM	CIM
DIALOG	Kommando	Text	-	Lockheed
DIRS 3	Kommando	Text (medizinisch)	-	DIMDI
DOBIS	Kommando	Text	-	IBM
DOMAIN/ INQUIRY	Maske	kommerziell	-	Burroughs
DS/3	Kommando	kommerziell/ wissenschaftl.	-	SDC
EQBE	Maske	kommerziell/ wissenschaftl./ Zeitreihen	IDAMS	IBM Heidelberg
ESCORT	Kommando/ Dialog	kommerziell/ wissenschaftl.	-	Univac
EXPRESS	Kommando	Zeitreihen	-	Tymshare
FOCUS	Kommando	kommerziell/ wissenschaftl.	-	AIS
GENIE	Kommando/ Dialog	kommerziell/ wissenschaftl.	IDMS	Mullins
GIS (Executive Query)	Kommando	kommerziell/ wissenschaftl.	(IMS)	IBM
GOLEM	Kommando	Text	-	Siemens

Name	Sprache	Anwendung	Software	Hersteller
HARVEST	Kommando	kommerziell/ wissenschaftl.	SEED	IDBS
INQUIRY	Kommando	kommerziell/ wissenschaftl.	DBMS II	Burroughs
INQUIRY-IV	Kommando	kommerziell/ wissenschaftl.	IMS	CGA/Informatics
INQUIRY-IMS	Kommando	kommerziell/ wissenschaftl.	IMS	CGA
IQL	Kommando	kommerziell/ wissenschaftl.	DBMS-10/20	
LEXIS	Kommando	Text	-	Mead Corp.
LUNAR	natürliche Sprache	kommerziell/ wissenschaftl.	-	BBN
MDQS	Kommando	kommerziell/ wissenschaftl.	IDS-I	Honeywell
NOMAD	Kommando	kommerziell/ wissenschaftl.	-	National CSS
PRTV	Kommando	allgemein	-	IBM Peterlee
QUEL	Kommando	kommerziell/ wissenschaftl.	INGRES	Univ. Calif. Berkeley
QUERY 5	Kommando	kommerziell/ wissenschaftl.	ISAM	Azrex
QUERY-BY EXAMPLE	Maske	kommerziell/ wissenschaftl.	-	IBM
QUEST	Kommando	Text	-	Lockheed/ESA
RENDEZ-VOUS	natürliche Sprache	kommerziell/ wissenschaftl.	ALPHA	IBM (Codd)
REQUEST	Kommando	kommerziell wissenschaftl.	TOTAL	System Auto. Corp.
SQL (SEQUEL)	Kommando	kommerziell/ wissenschaftl.	System R	IBM
SQUARE	Kommando	kommerziell/ wissenschaftl.		IBM
STAIRS	Kommando	Text	-	IBM
SYSTEM	Kommando	kommerziell/ wissenschaftl.		APL
TABOSS	Kommando	kommerziell/ wissenschaftl.	DATA-BOSS	Turnkey Software
TAMALAN	Kommando	kommerziell/ wissenschaftl.	-	CDC Belgien
TEX	Kommando	Text/ kommerziell	-	Honeywell
TITUS	Kommando	Text	-	French Textile
TOTAL-IQ	Kommando/ Dialog	kommerziell/ wissenschaftl.	TOTAL	Cincom
UNIDAS	Kommando	Text	-	Univac
UNIQUE	Kommando	kommerziell/ wissenschaftl.	DMS/90 IMS90	Univac

LISTE DER ABKÜRZUNGEN

ACM	Association for Computing Machinery
ANSI	American National Standard Institute
APL	A Programming Language
AWUS	Anwendungs-Unterstützungssystem
BASIC	Beginners all Purpose Symbolic Instruction Code
CACM	Communications of the ACM
CODASYL	Conference on Data Systems and Languages
DBD	Data Base Description
DBMS	Data Base Management System
DBS	Datenbanksystem
DBTG	Data Base Task Group
DL/I	Data Language/One
DDL	Data Description Language
DML	Data Manipulation Language
DV	Datenverarbeitung
EOF	End of File
EQBE	Extended "Query by Example"
EUS	Endbenutzersystem zur Entscheidungsunterstützung
GI	Gesellschaft für Informatik
GMD	Gesellschaft für Mathematik und Datenverarbeitung
HDSC	Heidelberg Scientific Center
IBM	International Business Machines Corporation
IDAMS	Integriertes Datenanalyse- und Managementsystem
IES	Informations- und Entscheidungssystem
IMS	Information Management System
ISBL	Information System Base Language
IUGS	Interactive User Guidance System
KARAMBA	Karlsruher Methodenbanksystem
MADAS	Marktdaten-Analysesystem
MBS	Methodenbanksystem
METHAPLAN	Methoden-Ablaufplan
MIS	Management Informationssystem
PL/I	Programming Language/One
PRTV	Peterlee Relational Test Vehicle
QBE	Query by Example
QUEL	Query Language
ROMC	Representation Operation Memoryaid Control
SIGMOD	Special Interest Group Management of Data
SQL/DS	Structured Query Language/Data System
SQL	Structured Query Language
TODS	Transaction on Data Systems
UDL	Unified Database Language
USL	User Specialty Language
VLDB	Very Large Data Base System

NAMENS- UND SACHVERZEICHNIS

T

Berichte des German Chapter of the ACM

Band 1

Wippermann

PASCAL

2. Tagung in Kaiserslautern
Herausgegeben von Prof. Dr.-Ing. H.-W. Wippermann,
Universität Kaiserslautern

Tagung I/1979 des German Chapter of the ACM am 16. und 17. 2. 1979
in Kaiserslautern
204 Seiten, DM 32,–

Band 2

Niedereichholz

Datenbanktechnologie

Einsatz großer, verteilter und intelligenter Datenbanken

Herausgegeben von Prof. Dr. rer. pol. J. Niedereichholz,
Universität Frankfurt

Tagung II/1979 des German Chapter of the ACM am 21. und 22. 9. 1979
in Bad Nauheim
240 Seiten, DM 36,–

Band 3

Remmele/Schecher

Microcomputing

Herausgegeben von W. Remmele, Siemens AG, München
und Prof. Dr. rer. nat. H. Schecher, Technische Universität München

Tagung III/1979 des German Chapter of the ACM am 24. und 25. 10. 1979
in München
280 Seiten, DM 40,–

Band 4

Schneider

Portable Software

Herausgegeben von Prof. Dr. rer. nat. H. J. Schneider,
Universität Erlangen-Nürnberg

Tagung I/1980 des German Chapter of the ACM am 18. 1. 1980 in Erlangen
176 Seiten, DM 34,–

B. G. Teubner Stuttgart

Berichte des German Chapter of the ACM

Fortsetzung

Band 5
Floyd/Kopetz
Software Engineering – Entwurf und Spezifikation
Herausgegeben von Prof. Dr. phil. C. Floyd, Technische Universität Berlin, und Prof. Dr. phil. H. Kopetz, Technische Universität Berlin
Tagung II/1980 mit Workshop des German Chapter of the ACM vom 12. bis 16. 9. 1980 in Berlin
368 Seiten, DM 62,–

Band 6
Hauer/Seeger
Hardware für Software
Herausgegeben von Dr. rer. nat. K.-H. Hauer, Computertechnik Müller GmbH, Konstanz, und Dipl.-Ing. C. Seeger, Computertechnik Müller GmbH, Konstanz
Tagung III/1980 des German Chapter of the ACM am 10. und 11. 10. 1980 in Konstanz
303 Seiten, DM 52,–

Band 7
Nehmer
Implementierungssprachen für nichtsequentielle Programmsysteme
Herausgegeben von Prof. Dr. rer. nat. Jürgen Nehmer, Universität Kaiserslautern
Tagung I/1981 des German Chapter of the ACM am 20. 2. 1981 in Kaiserslautern
208 Seiten, DM 36,–

Band 8
Schlier
Personal Computing
Herausgegeben von Prof. Dr. rer. nat. Christoph Schlier, Universität Freiburg i. Br.
Tagung II/1981 des German Chapter of the ACM am 12. 10. 1981 in Freiburg i. Br.
195 Seiten, DM 38,–

B. G. Teubner Stuttgart

Berichte des German Chapter of the ACM

Fortsetzung

Band 9

Sneed/Wiehle

Software-Qualitätssicherung

Herausgegeben von Harry M. Sneed (MPA), Software Engineering GmbH, München, und Prof. Dr. rer. nat. Hans R. Wiehle, Hochschule der Bundeswehr München

Tagung I/1982 des German Chapter of the ACM am 25. und 26. 3. 1982 in Neubiberg bei München
284 Seiten, DM 52,–

Band 10

Kulisch/Ullrich

Wissenschaftliches Rechnen und Programmiersprachen

Herausgegeben von Prof. Dr. rer. nat. Ulrich Kulisch, Universität Karlsruhe, und Prof. Dr. rer. nat. Christian Ullrich, Universität Karlsruhe

Fachseminar des German Chapter of the ACM am 2. und 3. 4. 1982 in Karlsruhe
231 Seiten, DM 52,–

Band 11

Langmaack/Schlender/Schmidt

Implementierung PASCAL-artiger Programmiersprachen

Herausgegeben von Prof. Dr. rer. nat. Hans Langmaack, Universität Kiel, Prof. Dr. rer. nat. Bodo Schlender, Universität Kiel, und Prof. Dr. rer. nat. Joachim W. Schmidt, Universität Hamburg

Tagung II/1982 des German Chapter of the ACM am 12. 7. 1982 in Kiel
221 Seiten, DM 44,–

Band 12

Kreifelts/Schnupp

UNIX Konzepte und Anwendungen

Herausgegeben von Dr. rer. nat. Thomas Kreifelts, GMD, St. Augustin, und Dr. rer. nat. Peter Schnupp, InterFace GmbH, München

Fachseminar des German Chapter of the ACM am 9. und 10. 12. 1982 in Bonn
156 Seiten, DM 32,–

Preisänderungen vorbehalten

 B. G. Teubner Stuttgart

Teubner Studienbücher

Informatik

Berstel: **Transductions and Context-Free Languages**
278 Seiten. DM 38,– (LAMM)

Bolch/Akyildiz: **Analyse von Rechensystemen**
Analytische Methoden zur Leistungsbewertung und Leistungsvorhersage
269 Seiten. DM 28,80

Dal Cin: **Fehlertolerante Systeme**
206 Seiten. DM 24,80 (LAMM)

Ehrig et al.: **Universal Theory of Automata**
A Categorical Approach. 240 Seiten. DM 24,80

Giloi: **Principles of Continuous System Simulation**
Analog, Digital and Hybrid Simulation in a Computer Science Perspective
172 Seiten. DM 25,80 (LAMM)

Hotz: **Informatik: Rechenanlagen**
Struktur und Entwurf. 136 Seiten. DM 17,80 (LAMM)

Kandzia/Langmaack: **Informatik: Programmierung**
234 Seiten. DM 24,80 (LAMM)

Kupka/Wilsing: **Dialogsprachen**
168 Seiten. DM 21,80 (LAMM)

Maurer: **Datenstrukturen und Programmierverfahren**
222 Seiten. DM 26,80 (LAMM)

Mehlhorn: **Effiziente Algorithmen**
240 Seiten. DM 26,80 (LAMM)

Oberschelp/Wille: **Mathematischer Einführungskurs für Informatiker**
Diskrete Strukturen. 236 Seiten. DM 24,80 (LAMM)

Paul: **Komplexitätstheorie**
247 Seiten. DM 26,80 (LAMM)

Richter: **Betriebssysteme**
Eine Einführung. 152 Seiten. DM 24,80 (LAMM)

Richter: **Logikkalküle**
232 Seiten. DM 24,80 (LAMM)

Schlageter/Stucky: **Datenbanksysteme: Konzepte und Modelle**
261 Seiten. DM 24,80 (LAMM)

Schnorr: **Rekursive Funktionen und ihre Komplexität**
191 Seiten. DM 25,80 (LAMM)

Spaniol: **Arithmetik in Rechenanlagen**
Logik und Entwurf. 208 Seiten. DM 24,80 (LAMM)

Vollmar: **Algorithmen in Zellularautomaten**
Eine Einführung. 192 Seiten. DM 23,80 (LAMM)

Weck: **Prinzipien und Realisierung von Betriebssystemen**
299 Seiten. DM 29,80 (LAMM)

Wirth: **Algorithmen und Datenstrukturen**
2. Aufl. 376 Seiten. DM 28,80 (LAMM)

Wirth: **Compilerbau**
Eine Einführung. 2. Aufl. 94 Seiten. DM 16,80 (LAMM)

Wirth: **Systematisches Programmieren**
Eine Einführung. 4. Aufl. 160 Seiten. DM 22,80 (LAMM)